主编　中国建设监理协会

中国建设监理与咨询

中国建筑工业出版社

图书在版编目（CIP）数据

中国建设监理与咨询 = CHINA CONSTRUCTION MANAGEMENT and CONSULTING. 45 / 中国建设监理协会主编. —北京：中国建筑工业出版社，2022.6
ISBN 978-7-112-27532-8

Ⅰ.①中… Ⅱ.①中… Ⅲ.①建筑工程—监理工作—研究—中国 Ⅳ.①TU712

中国版本图书馆CIP数据核字（2022）第103747号

责任编辑：费海玲　焦　阳
文字编辑：汪箫仪
责任校对：王　烨

中国建设监理与咨询 45
CHINA CONSTRUCTION MANAGEMENT and CONSULTING

主编　中国建设监理协会

*

中国建筑工业出版社出版、发行（北京海淀三里河路9号）
各地新华书店、建筑书店经销
北京雅盈中佳图文设计公司制版
天津图文方嘉印刷有限公司印刷

*

开本：880毫米 × 1230毫米　1/16　印张：$7\frac{1}{2}$　字数：300千字
2022年6月第一版　2022年6月第一次印刷
定价：**35.00**元
ISBN 978-7-112-27532-8
（39693）

版权所有　翻印必究
如有印装质量问题，可寄本社图书出版中心退换
（邮政编码 100037）

编委会

主任：王早生

执行副主任：王学军

副主任：修　璐　王延兵　温　健　刘伊生　李明安
唐桂莲　王　月

委员（按姓氏笔画排序）：

马　明　马凤茹　王　月　王　莉　王　晔　王怀栋
王雅蓉　王慧梅　方永亮　邓　涛　邓　强　甘耀域
艾万发　石　晴　叶华阳　田　英　田　毅　朱泽州
乔开元　任文正　刘　怡　刘　涛　刘三友　刘永峰
刘治栋　刘俊杰　刘基建　齐林育　汤　斌　许远明
孙　成　孙晓博　孙惠民　苏锁成　杜鹏宇　李　伟
李　强　李三虎　李振文　李振豪　李海林　李银良
李富江　杨　丽　杨　莉　杨南辉　杨慕强　吴　浩
何　利　何祥国　应勤荣　辛　颖　汪　成　汪成庆
张　平　张　雪　张国明　张京昌　张铁明　陈　敏
陈汉斌　陈永晖　陈进军　陈洪失　苗一平　范中东
易容华　周　俭　郑淮兵　孟慧业　赵国成　赵秋华
饶　舜　姜　年　姜建伟　姜艳秋　秦有权　贾铁军
晏海军　徐　斌　徐友全　徐亦陈　高红伟　高春勇
郭嘉祯　唐　晶　黄劲松　黄跃明　龚花强　梁耀嘉
韩　君　韩庆国　程立继　程辉汉　鲁　静　蔡东星
谭　敏　穆彩霞

执行委员：刘基建　王慧梅

编辑部

地址：北京海淀区西四环北路 158 号
慧科大厦东区 10B

邮编：100142

电话：（010）68346832

传真：（010）68346832

E-mail：zgjsjlxh@163.com

中国建设监理与咨询

目录 CONTENTS

行业动态

本期焦点：回首 2021 展望 2022

监理论坛

项目管理与咨询

创新与发展

百家争鸣

北京市建设监理协会举办“安全技术知识学习年”系列活动

为进一步发挥监理在保证质量安全方面的作用，北京市建设监理协会于2021年3月发出通知，开展“安全技术知识学习年”活动，号召全行业跳出监理思维局限，不纠结于责任，潜心研究安全技术，通过系统学习安全技术知识，力争提高行业安全管理水平，提升年轻监理人的综合素质，同时培养一批安全管理方面的专家。

2021年9月1日“新安法”开始施行，协会为了落实“管行业必须管安全，管业务必须管安全，管生产经营必须管安全”的原则，组织十家监理企业编写了正式出版物《建筑工程安全生产管理与技术实用手册》（以下简称《实用手册》），作为“安全技术知识学习年”活动学习用书和知识竞赛的参考资料。2022年1月11日，协会举办《实用手册》首发仪式，北京市建设监理协会会长主编李伟、中国建材工业出版社城乡建设编辑部副主任朱建红以及21位作者出席会议。1月20日上午，协会举行“安全技术系列公益讲座启动仪式”，因疫情原因并考虑增加听课学习受众，启动仪式及公益讲座采取视频直播方式进行。启动仪式由李伟会长主持，陆参、杨宏峰、赵云、张燕标、李琴、李岩、李文颖七位授课人出席现场会议，北京市住房和城乡建设委施工安全处四级调研员蔡绍江和北京市建设工程安全质量监督总站副站长胡向东出席现场会议并讲话。会上李伟会长对公益讲座活动进行动员，对知识竞赛试题库和竞赛安排进行了部署。

公益讲座于1月20—27日进行了8讲，直播课程反响强烈，每天观看直播的学员平均达到3000余人，视频公益讲座圆满成功。

（北京市建设监理协会 供稿）

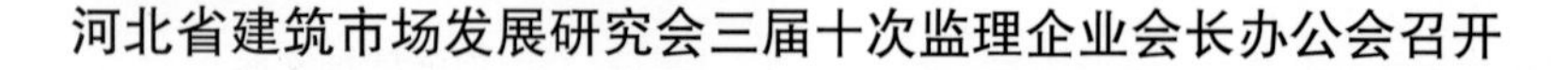

河北省建筑市场发展研究会三届十次监理企业会长办公会召开

2022年3月25日，河北省建筑市场发展研究会在石家庄市召开三届十次监理企业会长办公会。研究会副会长张森林、党支部书记王英、秘书长穆彩霞出席会议，驻地在石家庄市的部分副会长参加现场会议，按照疫情防控要求，其他15位副会长以线上视频形式参加会议。会议由穆彩霞秘书长主持。

会议主要内容：

一是邀请王英书记参加本次会议，王书记就研究会党支部建设、加强行业党建、党建围绕业务工作开展等和与会人员进行沟通交流。

二是穆彩霞秘书长总结了2021年监理工作情况，并就2022年监理工作计划从八个方面进行汇报：一是引导行业转型升级，创新发展；二是推进行业诚信建设，维护市场秩序；三是提高服务工作质量，提升服务能力；四是搭建平台，促进企业交流；五是汇集行业智慧，发挥专家作用；六是鼓舞行业士气，树立行业先进典型；七是加强行业宣传，提供信息交流平台；八是强化党建引领，加强秘书处自身建设。

三是各位副会长研究审议了2022年监理工作计划，并就2022年监理工作计划进行讨论交流，提出良好建议。

最后张森林副会长要求监理企业：一是要加强自身建设，加强企业管理，提高从业人员素质，提高信息化水平；二是要以质量安全为根本，保障工程质量安全；三是要结合自身优势积极开展全过程工程咨询；四是要把握行业改革发展的机遇，创新发展，勇立潮头；五是要在疫情面前攻坚克难，争创佳绩；六是希望通过大家的共同努力，为监理行业高质量发展做出新的贡献。

（河北省建筑市场发展研究会 供稿）

山东省建设监理与咨询协会2022年第一次理事长扩大会议召开

2022 年 3 月 6 日，山东省建设监理与咨询协会在济南召开 2022 年第一次理事长扩大会议。省住房和城乡建设厅工程质量安全监管处处长刘明伟、建设工程质量安全中心主任王华杰出席会议并讲话，省协会理事长、副理事长、监事长、监事出席会议，各市监理协会的理事长（会长）、秘书长、部分企业代表列席会议。按照疫情防控要求，青岛市、烟台市参会人员以线上形式参加会议。会议由徐友全理事长主持。

徐友全理事长报告了省协会建立党支部的指导思想，以及筹备方案、工作进度、党建工作任务等情况，并对筹备小组提出统一思想认识、提高政治站位、保证工作进度、狠抓落实等工作要求。会议审议通过了省协会 2022 年进一步推进党建工作、充分发挥参谋助手作用、深入会员企业开展调研、统筹构建新型标准体系等八项工作要点。

会议研究讨论了监理企业所关心的《工程监理企业资质标准（征求意见稿）》。

省住房和城乡建设厅分管处室领导肯定了省协会在履行行业协会职能、为企业发声反映诉求、发挥桥梁纽带作用等方面做的大量工作，提出省协会积极建立党支部是非常必要的，要坚持正确的政治方向，发挥党建引领作用，融合带动协会 2022 年工作的全面实施。要求监理行业按照主管部门出台的精神文明建设的实施方案，强化自律、整治乱象、规范行为，加强精神文明和行风建设，特别是对社会关注度高的工程质量安全问题，贴近百姓生活的工程渗漏方面的突出问题，严格履行监理监督质量安全职责，做到履职尽责、履职免责，兼顾社会责任，强化社会担当，贡献监理人的力量，促进监理行业高质量发展，让更多的工程参建方关注认可监理行业的突出作用。

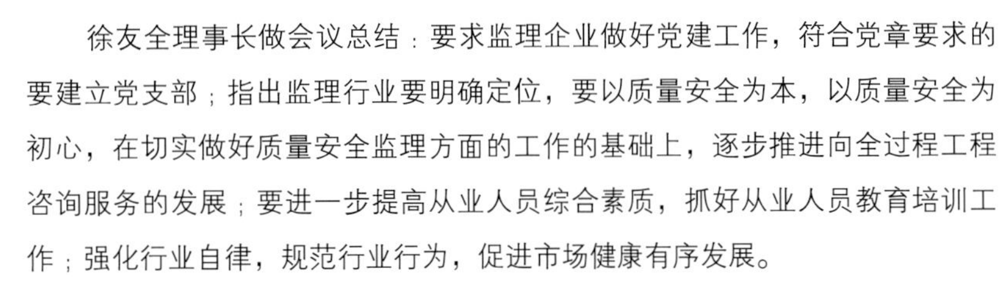
徐友全理事长做会议总结：要求监理企业做好党建工作，符合党章要求的要建立党支部；指出监理行业要明确定位，要以质量安全为本，以质量安全为初心，在切实做好质量安全监理方面的工作的基础上，逐步推进向全过程工程咨询服务的发展；要进一步提高从业人员综合素质，抓好从业人员教育培训工作；强化行业自律，规范行业行为，促进市场健康有序发展。

（山东省建设监理与咨询协会 供稿）

本期焦点

回首2021　展望2022

2021 年，中国建设监理协会在中央和国家机关行业协会商会第一联合党委和住房城乡建设部的指导下，在行业专家及广大会员单位的大力支持下，我们坚持以习近平新时代中国特色社会主义思想为指导，深入学习宣传贯彻党的十九大和十九届历次全会精神，紧紧围绕行业发展和协会工作实际，创新工作思路，加大工作力度，在推进诚信建设和行业标准化建设，提升会员服务水平，强化行业宣传，促进行业高质量健康发展等方面做了大量工作，取得了较好的成果。

2022 年，协会工作坚持以习近平新时代中国特色社会主义思想为指导，全面贯彻党的十九大和十九届历次全会精神，认真落实中央经济工作会议和全国住房城乡建设工作会议精神，坚持以人民为中心的发展思想，坚持稳中求进工作总基调，坚定不移贯彻新发展理念，坚持以供给侧结构性改革为主线，坚守“提供服务、反映诉求、规范行为、促进和谐”的发展理念，引领监理行业高质量发展。

各地方协会和分会也做了大量工作，本期选取了上海市建设工程咨询行业协会、河南省建设监理协会、广东省建设监理协会、化工监理分会分享他们在疫情分散暴发情况下，如何克服困难，做好协会工作的经验，希望对大家能有所启发。

2022

2021

中国建设监理协会2021年工作情况和2022年工作计划的报告

中国建设监理协会会长　王早生

（2022年1月19日）

各位理事、监事：

大家上午好！

今天召开中国建设监理协会六届五次理事会，由我向各位汇报协会2021年主要工作情况和2022年工作计划。

第一部分：2021年工作情况

2021年，在中央和国家机关行业协会商会第一联合党委和住房城乡建设部的指导下，在行业专家及广大会员单位的大力支持下，我们坚持以习近平新时代中国特色社会主义思想为指导，深入学习宣传贯彻党的十九大和十九届历次全会精神，紧紧围绕行业发展和协会工作实际，创新工作思路，加大工作力度，如期完成年度各项工作。

一、创新会员服务形式，提升会员管理工作水平

（一）加强会员准入清出管理

为加强监理行业自律管理和诚信建设，规范服务和执业行为，提高服务质量，维护合法权益，推进行业管理工作有序开展，协会修订了《中国建设监理协会会员管理办法》（经协会六届三次会员代表大会审议通过）。

2021年，协会共发展十批个人会员，共7605人；发展单位会员104家。同时对长期不履行会员义务的6725名个人会员和70家单位会员予以清退。协会现有单位会员1257家（含62家团体类单位会员），个人会员139288人。

（二）推进行业诚信自律建设

1. 为推进工程监理行业诚信体系建设，构建以信用为基础的自律监管机制，维护市场良好秩序，打造诚信监理，促进行业高质量可持续健康发展，协会组织单位会员开展信用自评估工作。目前第一轮单位会员信用自评估活动已完成，参与信用自评估的单位会员共有790家，参与率为68.1%。同时，开展会员信用自评估参与情况调查研究，为下一步工作开展提供参考。

2. 针对近几年监理行业出现的违法违规现象，协会收集了具有代表性的案例，组织编写了《建设监理警示录》，以增强法治意识，督促监理人员认真履行职责，杜绝或减少违法违规现象。

（三）提升会员业务水平

1. 为更好地服务会员，做好个人会员业务辅导工作，协会印发了《中国建设监理协会分片区业务培训管理办法》，对培训对象、内容、师资要求、资金保障、培训成果运用做出了明确规定。2021年6月10日，协会在重庆市举办了西南片区个人会员业务辅导活动，会议由重庆市建设监理协会承办，王早生会长出席活动并做专题讲座。来自云南、贵州、四川、重庆约250余名会员代表参加了本次活动。2021年10月19日，协会在山东泰安市举办了苏、鲁、辽、吉片区个人会员业务辅导活动，会议由江苏省建设监理与招投标协会承办，协会会长王早生出席活动并做专题讲座。苏、鲁、辽、吉四省个人会员260余人参加了本次活动。其他片区业务辅导活动因疫情防控原因未能举办。

2. 开展监理人员学习丛书编写工作。2021年5月27日，协会在济南召开监理人员学习丛书编写工作座谈会，讨论了丛书的定位及研究方向。2021年12月3日召开监理人员学习丛书统稿会，对监理人员学习丛书的书名、编制思路、各章节编制要点、监理工作理念、丛书的实操性等方面，提出了修改意见。

目前初稿已经完成。

3. 在会员网络学习课件库中新增“监理企业诚信建设和标准化服务经验交流会”“监理企业信息化管理和智慧化服务现场经验交流会”相关内容，丰富会员免费网络业务学习内容。

（四）做好参建“鲁班奖”“詹天佑奖”工程项目的监理企业和总监的汇总统计工作

在地方和行业协会对参建“鲁班奖”“詹天佑奖”工程项目的监理企业和总监理工程师统计的基础上，秘书处组织完成了对参建 2020—2021 年度中国建设工程鲁班奖（国家优质工程）工程项目、第十八届中国土木工程詹天佑奖工程项目的监理企业和总监理工程师的汇总统计工作。

（五）会费收支情况

2021 年 1—12 月协会会费收入 18685600.00 元。其中，单位会员会费收入 3343000.00 元，占会费收入的 17.89%；个人会员会费收入 15342600.00 元，占会费收入的 82.11%。

2021 年 1—12 月协会会费支出 13179698.05 元。其中，业务活动成本支出 5927203.95 元（含考务费支出 2775213.03 元），占会费支出的 44.97%；管理费用支出 7077346.58 元，占会费支出的 53.70%；其他费用支出 175147.52 元（含捐赠 103379.17 元，固定资产清理 1348.75 元，其他 70419.6 元），占会费支出的 1.33%。

二、完成政府委托工作，提高行业队伍素质

（一）积极配合业务指导部门工作

1. 组织征求行业意见，参与业务指导部门调研工作。在行业内开展监理秩序专题调研，并将调研结果报建筑市场监管司。根据《关于提升新建住宅小区品质指导意见》中涉及监理的内容，收集反馈意见并报房地产市场监管司。收集整理《注册监理工程师管理规定（修订稿）》《工程监理企业资质标准（征求意见稿）》意见建议，报建筑市场监管司。收集整理建设工程监理质量安全工作典型案例，报建筑市场监管司。

2. 承担住房城乡建设部建筑市场监管司委托的课题研究工作。其中“工程监理企业资质标准研究”“家装工程监理调查研究”“业主方委托监理工作规程”等三个课题均已完成课题验收，“全过程工程咨询涉及工程监理计价规则研究”已报建筑市场监管司。

（二）完成政府部门委托的监理工程师考试相关工作

组织完成 2021 年全国监理工程师职业资格考试基础科目一和基础科目二以及土木建筑工程专业科目的命审题工作、2021 年度全国监理工程师考试案例分析科目网络阅卷技术服务采购项目招标工作及阅卷工作。

组织修订了全国监理工程师职业资格考试基础科目及土木建筑工程专业科目大纲，并组织完成 2021 年全国监理工程师职业资格考试用书丛书（共八册）的编写工作。

三、多措并举，推动行业高质量发展

（一）深入开展课题研究

2021 年协会新开四个研究课题，其中“监理工作信息化管理标准”是为了促进各类监理企业提高信息化管理水平；“施工项目管理服务标准”是为了规范施工阶段项目管理的服务行为；“监理人员职业标准”是为监理企业规范服务、科学计费奠定基础；“工程监理企业发展全过程工程咨询服务指南”是为监理企业在发展全过程咨询服务业务方面提供路径参考和策略指引。除“监理工作信息化管理标准”因疫情原因尚未验收，其他三个课题均已完成结题验收。

（二）推进行业标准化建设

2020 年《装配式建筑工程监理管理规程（试行）》经过一年试行，协会于 2021 年 1 月 25 日发布《装配式建筑工程监理管理规程》团体标准，自 2021 年 5 月 1 日起实施。该项标准与中国工程建设标准化协会共同发布，扩大了影响，也提高了团体标准的权威性。

2021 年 3 月，协会印发《城市道路工程监理工作标准（试行）》《市政基础设施项目监理机构人员配置标准（试行）》《城市轨道交通工程监理规程（试行）》《市政工程监理资料管理标准（试行）》等四个标准。

2021 年协会开展的《房屋建筑工程监理资料管理标准》《房屋建筑工程监理工作标准》《房屋建筑工程项目监理机构人员配置标准》《房屋建筑监理工器具配置标准》《化工工程监理规程》等五个课题成果转团体标准工作均已按计划进行。

2021 年 12 月 1 日，协会发布团体标准《化工建设工程监理规程》，自 2022 年 1 月 1 日起实施。

（三）组织开展热点交流，提高监理履职能力

1. 组织召开“巾帼不让须眉 创新发展争先”女企业家座谈会。2021 年 4 月 22 日，由中国建设监理协会主办，江西

省建设监理协会协办，江西恒实建设管理股份有限公司承办的首届女企业家座谈会在江西南昌召开，来自全国16个地区的30余名女企业家参加会议。此次座谈会既是回应会员单位诉求，也是为了更好地发挥女企业家在监理行业创新发展中的积极作用，展示巾帼担当，助力行业高质量发展。

2. 组织召开项目监理机构经验交流会。为进一步提高项目监理机构服务质量和水平，促进监理行业高质量可持续健康发展，2021年6月22日，由中国建设监理协会主办、四川省建设工程质量安全与监理协会协办的项目监理机构经验交流会在成都召开，来自全国260余名会员代表参加会议。交流会主要围绕项目监理机构在开展全过程工程咨询实践、运用信息化管理实践、安全管理实践等方面的监理工作展开经验交流。

3. 组织召开全过程工程咨询和政府购买监理巡查服务经验交流会。为进一步提升监理企业综合性、跨阶段、一体化咨询服务的能力，探索具备条件的工程监理企业向全过程工程咨询服务转型升级和参与政府监管模式，2021年12月28日，协会首次采用线上直播的方式召开“全过程工程咨询和政府购买监理巡查服务经验交流会”。会议主要围绕监理企业在承接政府购买监理巡查服务及开展全过程工程咨询服务中的实践经验进行交流。客户端累计观看61400人次。

（四）加强与澳门同行业联系

为了建立中国建设监理协会和澳门工程师学会联系与沟通，共同促进内地与澳门地区监理行业健康发展，2021年11月25日，协会与澳门工程师学会签署了建立联系沟通机制备忘录，备忘录明确了建立联系的时间、联系方式和对共同关心的问题（指协会工作、行业发展、会员管理、会员服务）定期进行沟通与交流。对于加强内地监理行业与澳门工程师学会的交流与沟通，共同促进内地与澳门地区监理行业健康发展将起到积极作用。

（五）深入调研，了解行业发展情况

2021年协会先后组织到重庆、浙江、陕西、河南、上海、湖北等地召开企业座谈会，全面深入了解企业改革发展基本情况，倾听会员呼声，引导行业健康发展。

四、做好行业宣传，树立行业形象

（一）办好《中国建设监理与咨询》

《中国建设监理与咨询》始终坚持服务监理行业、服务会员单位的出版方向，积极宣传监理行业政策、法规，推广行业新技术、新手段，报道企业创新发展经验，适应行业的实际和客观需要，及时传递行业动态，全年累计刊登各类稿件140余篇，180余万字。同时为提升出版物质量，对编委会进行补充调整，充实专家力量，使出版物能更好地服务于行业和读者。

利用多渠道进行出版物的宣传推广，做好2021年度《中国建设监理与咨询》征订工作。2021年有27家省、市和行业协会及320家企业参与了征订工作，征订数量4183套，相比2020年增长约9.36%。2021年度共有93家地方、行业协会，监理企业以协办单位方式共同办刊。

（二）开展“监理行业创新发展经验交流征文”活动

为宣传监理行业对促进建筑行业健康发展和提高工程质量水平所做的巨大贡献，总结推广各地区及有关行业监理企业在加强工程质量管理和企业转型升级发展的成功经验，展示重大项目的建设成果和管理特色，协会开展“监理行业创新发展经验交流征文”活动。

（三）发挥好微信公众号的宣传作用

利用协会网站、中国建设监理协会微信公众号及中国建设监理与咨询微信公众号实时发布行业有关制度、法规及相关政策；宣传报道中国建设监理协会和地方协会的活动。充分发挥行业宣传工作对内凝聚人心、对外树立形象的特殊作用。

五、加强协会自身建设，提升服务水平

（一）加强协会党建工作

协会党支部认真贯彻落实上级党委部署要求，坚持党对一切工作的领导，坚持党要管党、全面从严治党，进一步增强“四个意识”、坚定“四个自信”、做到“两个维护”。切实加强党的领导力度，努力推进党建工作与业务工作深度融合，全面加强党组织和党员队伍建设、党风廉政建设工作，以大力推进协会党建工作高质量发展为主线，以开展党史学习教育为推动力，充分调动党员干部的积极性、主动性和创造性，为协会和行业高质量发展提供坚强的政治保障和组织保障。

落实党建质量攻坚行动，积极建章立制，做好党支部工作制度化、标准化、规范化建设，制定了“中国建设监理协会党支部工作制度”。充分重视思想建设工作，切实执行学习教育制度，坚持每周学习和专题学习相结合，推进“两学一做”学习教育常态化制度化。认真贯彻“学史明理、学史增信、学史崇德、学史力行”要求，开展党史学习教育活动，组

织秘书处全体党员和职工参观香山革命纪念馆、中国人民解放军军事科学院叶剑英纪念馆以及新时代中央和国家机关党的建设成就巡礼展，倡导党员读原著、学原文、悟原理。将党员学习与全员学习有机统一起来，依托党组织的先进性，组织教育活动，教育和引导党员干部树立为会员服务意识，充分发挥党组织战斗堡垒和党员先锋模范作用，以党建促发展，促进秘书处工作的整体提升。

（二）加强协会组织机构建设

1. 成立监事会

2021 年 3 月 17 日，经协会六届三次会员代表大会暨六届四次理事会审议通过，中国建设监理协会成立了监事会。同时召开第六届监事会第一次会议，选举产生了监事长，商定了监事会工作分工和安排。工作正在有序开展。

2. 调整组织机构

为加强协会领导班子建设，更好地开展协会工作，为会员提供更优质的服务，促进行业的健康持续高质量发展，经会长办公会研究，中央和国家机关行业协会商会工委审核，六届三次会员代表大会审议，同意增补 4 名副会长。

根据工作需要，经地方协会和分会申请，依据协会章程规定，经六届三次会员代表大会审议通过，对协会理事、常务理事进行了调整。

经协会秘书处审核，会长批准，专家委员会新增 3 名委员，目前专家委员会共有委员 119 人。

经六届八次常务理事会和六届九次常务理事会审议，同意调整化工监理分会、石油天然气分会等负责人。

（三）完善协会制度建设

根据《中共中央办公厅 国务院办公厅关于印发〈行业协会商会与行政机关脱钩总体方案〉的通知》（中办发〔2015〕39 号）和国家发展改革委《关于全面推开行业协会商会与行政机关脱钩改革的实施意见》（发改体改〔2019〕1063 号）的部署，协会结合工程监理行业发展需求及协会实际情况，对现行章程进行了修订，并经六届三次会员代表大会审议通过，报民政部备案。

为加强和规范协会资产管理工作，维护协会资产安全与资产完整，促进协会健康发展，根据《中国建设监理协会章程》《社会团体登记管理条例》《脱钩后行业协会商会资产管理暂行办法》等相关法规、规范性文件，协会制定了《中国建设监理协会资产管理办法》（经六届三次会员代表大会审议通过）。

（四）制定协会发展规划

为进一步推进协会健康发展，根据《中华人民共和国国民经济和社会发展第十四个五年规划和 2035 年远景目标纲要》《“十四五”民政事业发展规划》及相关法规政策，协会编制了《中国建设监理协会“十四五”规划》（经六届十次常务理事会审议通过），明确发展目标、重点任务和工作思路。

（五）提升协会服务水平

1. 为推进协会服务公开透明，发挥协会的桥梁纽带作用，更好地服务会员，促进行业健康发展，制定了协会会员服务清单，并在中国建设监理协会网络平台专栏予以公布。

2. 为提高会员服务信息化水平，提升会员管理效果，“中国建设监理协会会员系统”于 2021 年 10 月 11 日正式上线。原“中国建设监理协会个人会员系统”并入“中国建设监理协会会员系统”，实现了会员从申请入会到日常管理的网络化、信息化，会员入会、信息变更、会费缴纳、会费票据生成、电子证书及有关会员服务等都能在系统中实现。

3. 为进一步提高秘书处工作效率和服务质量，增强为会员服务的主动性和自觉性，协会秘书处开展“守规矩和首问办结”活动，力求为会员单位提供更加规范、优质、高效的服务。

（六）开展涉企收费自查自纠工作

根据《民政部社会组织管理局关于部署全国性行业协会商会开展“我为企业减负担”专项行动的通知》（民社管函〔2021〕37 号），协会开展“我为企业减负担”专项行动。免收团体类单位会员会费，免收会员业务培训费和资料费，免收经验交流会会务费和资料费。

按照《关于进一步加强社会组织管理 严格规范社会组织行为的通知》（民社管函〔2021〕43 号）要求，秘书处对行为自律、评比表彰、是否违规收费、是否违规举办会议等方面进行了自查自纠活动，未发现有违规行为。

（七）加强分支机构管理

按照《民政部社会组织管理局关于进一步加强全国性社会团体分支机构、代表机构规范管理的通知》（民社管函〔2021〕81 号）精神，加强分支机构政治引领，强化分支机构内部监督和自律管理，对各分支机构上年度工作总结和下年度工作计划及费用预算等提出相关要求，促进分支机构规范运行、有序发展。

（八）加强与会员、地方行业协会通联工作

2021 年 3 月 18 日，全国建设监理协会秘书长工作会在河南郑州召开，会议通报了中国建设监理协会 2021 年工作要点及安排，解读了《中国建设监理协会分片区业务培训管理办法》，并对个人会员管理系统网上缴费及自助开票功能进行了说明，北京、上海、山东等地方协会就诚信建设、标准化建设等方面进行了工作经验交流。

协会大力支持地方及行业协会发展，积极参加地方及行业协会组织的各项重要会议，并就协会工作、监理行业发展等方面与地方协会和企业进行交流。

（九）完善工会组织建设

2021年12月10日，经中央和国家机关行业协会商会工会联合会常委会批准，中国建设监理协会召开工会成立暨第一次全体会员大会，王月当选为工会主席。工会的成立标志着协会党支部工作有了更有力的支撑力量，标志着协会员工有了更强烈的归属感。工会将以培育积极向上的协会精神为基本点、以提高职工素质为切入点、以增强协会凝聚力为着眼点、以创造协会和谐发展环境为落脚点开展工作。

上述几个方面的工作得到了分会和地方协会的大力支持。在课题研究方面，协会去年有5个课题转团体标准研究工作和7个课题研究工作，分别委托北京市建设监理协会、上海市建设工程咨询行业协会、江苏省建设监理与招投标协会、重庆市建设监理协会、陕西省建设监理协会、河南省建设监理协会、广东省建设监理协会、武汉市工程建设全过程咨询与监理协会、中国建设监理协会化工监理分会等9个地方协会和分会负责牵头组织实施，课题研究工作均有序开展。在组织会议方面，得到了河南省建设监理协会、山东省建设监理与咨询协会、江西省建设监理协会、四川省建设工程质量安全与监理协会、广西建设监理协会等地方协会的大力支持。在组织开展个人会员业务辅导方面，协会去年开展了两次片区个人会员业务辅导，分别由重庆市建设监理协会和江苏省建设监理与招投标协会承办，山东省建设监理与咨询协会和泰安市建设监理协会给予了大力支持。

除此之外，各分会和地方协会也做了大量工作。根据19家分会和地方协会报送的工作总结，他们的工作有以下亮点：一是加强党建工作，以党建引领带动协会工作。以建党百年为契机，北京、河北、辽宁、上海、浙江、福建、河南、贵州、陕西、云南等地方协会，开展了建党百年相关主题活动。河北协会开展了纪念建党100周年优秀论文、摄影、微视频征集活动；上海协会开展了行业党建特色项目征集、基层党组织示范点创建、行业党史知识竞赛等系列活动；浙江协会开展了“我为党旗添光彩”纪念建党100周年征文活动和缅怀革命先烈，助学奉献爱心活动；河南协会开展了以庆祝建党百年为主题的田径运动会、创新发展交流会、工程质量安全监理知识竞赛等一系列活动。通过党建引领带动协会业务工作，将二者有机融合，激发行业活力，增强会员的凝聚力和向心力，共促行业高质量发展。二是创新服务模式，提升服务能力。浙江协会优化服务方式，在疫情防控工作常态化的形势下，做到常规事项“一次都不跑”、常规培训“网络常态化”、培训人员“证书电子化”，方便会员的同时，提升了工作效率。河南、河北、福建等协会举办了监理知识竞赛，将学习趣味化，增强监理人员学习主动性。三是开展课题研究，推动行业健康发展。北京协会开展的“住宅工程质量高频发生问题治理措施研究”，浙江协会开展的“政府购买监理巡查服务内容与方式的研究”，福建协会开展的“福建省危险性较大的工程监理规程”，河北协会开展的“监理企业转型升级全过程工程咨询课题研究”，山东协会开展的“山东省建设项目全过程工程咨询服务导则”等课题，分别从行业发展、监理工作实际问题导向等方面开展研究，对行业的稳步发展具有积极的作用。四是发挥专家智库作用，加快团体标准建设。北京协会组织编写了《建筑工程消防施工质量验收规范》《施工组织设计管理规程》；山东协会发布了《建设工程监理工作标准》，编写了《项目监理机构工作评价标准》《轨道交通监理工作标准》；河南协会组织编写的《专业监理工程师职业标准》《装配式钢结构工程监理工作标准》；广州市协会组织编写了《广州市简易低风险建设工程质量安全保险及服务规程》《广州市住宅工程质量潜在缺陷保险质量风险管理服务规程》；天津协会组织修订的《园林绿化工程施工及验收规范》，不断提升监理服务质量和水平。五是组织经验交流，提升行业凝聚力。河北协会召开了“河北省监理行业高质量发展座谈会”，甘肃协会举办了“甘肃省建设监理行业创新发展交流观摩会”“建设工程监理企业信息技术应用经验交流会”“监理行业创新交流会”，不断提升监理行业的信息化服务能力和管理水平。六是加强人才培养，提升履职能力。山东协会为企业减负，开展了5次公益专题讲座，组织了“山东省建设监理与咨询行业首届高级管理人员研修班”，不断加强监理人才培养，提升监理服务能力。浙江协会与浙江建设职业技术学院共同发起组建“浙江省建设工程咨询与监理行业联合学院”，省内30家知名全过程工程咨询与监理企业参与，校企共同开发教学资源，为行业定向输送人才。上海协会通过青年从业者联谊会的平台，探索不同形式的活动，举办了2021年度青年从业者优秀论文竞赛，开设“青年沙龙”“大咖面对面”等品牌活动，帮助青年人士开阔专业视野、找准职业发展方向，进一步凝聚行业优秀人才。七是开展表扬活动，树立行业先进典型。浙江、内蒙古协会开展年度优秀监理企业、优秀总监理工程师、优秀监理工程师评选活动；上海协会开展年度示范监理项目部创建等活动，进一步提升工程建设管理水平。八是加强诚信体系建设，推动行业有序发展。内蒙古协会、山东协会、化工监理分会开展人员考核评价和企业信用评级工作，贵州协会与福建协会签署了两省监理行业自律协作共建机制协议书，共同维护工程监理市场秩序。福建协会开展“会企共建”试点，协助建设单位在其所辖项目开展项目监理机构履职情况的专题调研，在推动监理作用发挥方面做出有益尝试。河南协会发挥诚信自律小组的“区域自治”作用，开展诚信自律工作。九是推进信息化建设，助力行业高质量发展。甘肃协会举办“BIM 技术应用大赛”，陕西协会持续推进企业信息化管理和智慧化服务工作，推广学习应用“筑术云”“总监宝”“监理通”等信息化软件平台，为监理现代化服务提供保障。十是履行社会责任，助力脱贫攻坚。河南协会参加了 2021 年度消费扶贫展销活动，通过国家 832 消费扶贫等平台，定点购买扶贫产品。积极参与省住房和城乡建设厅“助你成长‘建’你圆梦”助学活动，为商城县农村困难学子捐款 2 万元。

第二部分：2022 年工作计划

2022 年，协会坚持以习近平新时代中国特色社会主义思想为指导，全面贯彻党的十九大和十九届历次全会精神，认真落实中央经济工作会议精神和全国住房和城乡建设工作会议精神，坚持以人民为中心的发展思想，坚持稳中求进工作总基调，坚定不移贯彻新发展理念，坚持以供给侧结构性改革为主线，坚守“提供服务、反映诉求、规范行为、促进和谐”的发展理念，引领监理行业高质量发展。监理行业要把握改革发展机遇，坚持以保障质量安全为使命，以改革创新为动力，以市场需求为导向，履行监理职责，当好工程卫士和建设管家，以优异成绩迎接党的二十大胜利召开。

一、加强行业发展研讨

（一）召开监理行业发展研讨会。

（二）参与《建筑法》《注册监理工程师管理规定》《工程监理企业资质管理规定》等相关法律法规的修订。

（三）持续推进信息化建设，开展相关课题研究，引领行业高质量发展和企业转型升级。

（四）召开监理企业经营发展经验交流会。

二、加强行业标准化建设

（一）发布《房屋建筑工程监理资料管理标准》《房屋建筑工程监理工作标准》《房屋建筑工程项目监理机构人员配置标准》《房屋建筑监理工器具配置标准》等四项团体标准和《工程监理企业发展全过程工程咨询服务指南》，并组织宣贯活动。

（二）开展《城市道路工程监理工作标准》《市政工程监理资料管理标准》《城市轨道交通工程监理规程》《市政基础设施项目监理机构人员配置标准》等四项试行标准转团标研究工作。

（三）印发试行《施工阶段项目管理服务标准》和《监理人员职业标准》。

（四）组织开展“工程监理行业发展研究报告”“工程监理职业技能竞赛指南”等课题研究，引领行业规范化开展工作。继续开展“监理工作信息化管理标准”课题研究。

三、持续推进行业诚信建设

（一）继续开展单位会员信用评估工作。

（二）动态管理单位会员信用情况。

（三）召开企业诚信建设与质量安全风险防控经验交流会。

四、着力提升会员服务水平

（一）与地方协会合作开展免费会员业务辅导活动。

（二）与住房城乡建设部干部学院合作举办总监理工程师培训。

（三）组织编写监理人员学习丛书，修订全国监理工程师执业资格考试用书。

（四）完善会员管理系统，更新网络业务学习课件，充实会员“学习园地”

内容。

（五）召开第二届女企业家座谈会。

五、加大行业宣传力度

（一）办好《中国建设监理与咨询》。

（二）发挥协会网站与微信公众平台的宣传作用。

（三）宣传参建“鲁班奖”和“詹天佑奖”监理企业和总监理工程师事迹和成效、宣传诚实守信的监理企业和监理人员，弘扬正能量。

（四）加强与国际，港、澳及交通、水利同行业的联系与交流。

六、强化党建引领，加强秘书处自身建设

（一）提升党建工作质量，发挥党建引领核心作用。

（二）积极有为主动担当，履行行业社会责任。

（三）规范分支机构管理，发挥分支机构作用。

（四）强化秘书处员工廉洁自律和服务意识，加强服务能力建设。

（五）严明换届纪律，做好协会换届筹备工作。

七、完成主管部门交办的工作

以上报告，请各位理事审议。

稳中求进 共同做好协会年度工作

中国建设监理协会副会长兼秘书长　王学军

（2022年3月31日）

根据协会六届五次理事会审议通过的中国建设监理协会 2022 年工作计划，协会秘书处就 2022 年工作做了具体安排，现就完成年度工作提出几点希望和要求：

一、共同做好服务会员工作

（一）共同做好业务培训工作

为培养行业技术人才，提升注册监理工程师的综合履职能力，协会将继续开展“免费会员业务辅导活动”。一是按照协会“关于开展片区业务辅导活动的通知”精神，合作开展“免费会员业务辅导活动”。各片区负责单位要与片区省市协会沟通制定好培训方案，培训内容主要围绕监理工作遇到的热点难点问题、行业政策解读和团标宣贯等内容进行。二是发挥监理人员学习丛书作用。为提升会员业务水平，在重庆、贵州、上海、山东行业专家的支持下，协会计划今年出版监理人员学习丛书。希望地方协会，尤其是开展片区业务培训时，要将业务学习丛书和《监理警示录》列入辅导教材，发挥学习丛书和《监理警示录》在促进监理人员综合素质提高中的作用。三是片区所在省市监理协会要积极参与此项活动，组织个人会员参加培训。四是对培训工作有什么意见和要求，请及时与片区负责单位和中国建设监理协会培训部反映。五是协会将继续与住房城乡建设部干部学院合作开展“监理工程师培训活动”。希望地方协会和行业专委会、分会积极组织个人会员参加。

（二）共同做好行业宣传工作

一是发挥协会网站、微信平台在行业宣传中的作用。希望地方协会和行业专委会加强与企业的联系，及时发现典型，并撰写通讯稿报协会信息部。充分利用现有协会网站和微信平台为行业发展做好宣传，进一步弘扬正气，树立监理行业形象。二是共同办好《中国建设监理与咨询》出版物。“关于办好《中国建设监理与咨询》出版物的说明”，总结了出版物办理情况。总的看，在逐步走向成熟，但也有些不足。希望地方协会和行业专委会、分会、协办单位、各位编委在工作上予以支持。希望大家努力做好出版物的宣传、征订和组稿工作，力争做到单位会员参与协办，注册监理工程师有出版物，不断加强出版物在行业中的引导作用，扩大出版物促进行业高质量发展的影响力。三是做好参建“鲁班奖”和“詹天佑奖”监理企业和总监理工程师的宣传工作。2022 年在建筑业协会和土木工程学会支持下，协会拟对 2021 年参与“鲁班奖”和“詹天佑奖”监理企业和监理工程师进行宣传，以达到树正气、立标杆，引领行业高质量发展的目的。此项工作需要地方监理协会和行业专委会支持和把关。

另外，为提高为会员服务效率，协会开通了单位会员网上缴费功能，请地方协会和行业专业委员会、分会对“中国建设监理协会单位会员网上缴费及自动开票的说明”做好宣传、推广普及工作。

二、共同加强行业自律管理

（一）共同做好单位会员信用自评估工作

《关于继续开展单位会员信用自评估活动的通知》（中建监协〔2022〕9 号）就首轮单位会员信用自评估工作进行了总结，总的情况不错，平均信用分达到了 92 分。但也有部分会员因各种原因没有参与进来。今年协会将继续开展单位会员信用自评估工作。一是要求单位会员都要参加，这是因为诚信建设是社会和谐发展的基础，诚信经营、诚信执业是监理企业发展的必由之路。二是希望地方协会和行业专委会要依照中建监协〔2022〕9 号文件要求，做好相关工作，保障单位会员信用自评估工作顺利进行。三是根据单位会员信用自评估情况，依照相关规定对单位会员信用情况进行动态管理，根据单位会员受奖罚情况每年对会员信用分数进行调整。请地方和行业协会每年将单位会员获奖或被行政处罚情况报协会联络部。

（二）共同做好会员管理工作

"关于中国建设监理协会单位会员有关情况的报告"反映了会员管理的情况，总的情况是好的，但在单位会员数量、履行义务方面还存在一定问题。如单位会员数量仅占监理企业数量的10%左右，履行会员义务的单位会员占70%左右，个人会员占4%左右。希望地方和行业协会一是帮助做好推荐会员工作，在这方面大部分地方和行业协会做得较好，尤其是黑龙江协会近期发布了鼓励监理企业入会的通知。二是促进会员履行义务，积极参加协会组织的各项活动，按时缴纳会费。

（三）共同做好协会换届筹备工作

按照协会章程规定，明年协会将进行换届。为了营造良好换届环境，保障换届过程风清气正，协会拟成立换届筹备小组。下半年开始换届筹备工作，同时请地方、行业协会在推荐协会组织机构候选人时应以全行业发展为重，以高度责任感和使命感，共同做好换届筹备的各项工作，防止违规违纪问题发生。

三、共同做好规范会员行为工作

（一）共同做好标准化建设工作

一是开展五项课题研究。为推进行业高质量健康发展，协会将组织专家开展"监理工作信息化管理标准"等五项课题研究。其中"监理工作信息化管理标准"研究目的是引导和促进不同类型监理企业提高信息化管理水平和应用能力。"工程监理行业发展研究报告"研究目的是为促进监理行业高质量发展制定政策提供数据支撑。"工程监理职业技能竞赛指南"研究目的是坚持学用结合，提升监理人员的履职能力，为行业开展技能竞赛指明方向和路径。"监理人员尽职免责规定"研究目的是规范监理履职行为，提高安全意识，为监理免责或减责提供依据。"监理人员自律规定"研究目的是规范监理人员执业行为，增强监理人员廉洁意识和责任意识，树立监理队伍良好形象。协会鼓励行业专家积极参加2022年课题研究工作，希望各地方协会、专家委员会予以支持。

二是试行两项团体标准。协会今年将印发试行《施工阶段项目管理服务标准》和《监理人员职业标准》等两项工作标准，希望地方和行业协会在上述标准试行期间注意收集意见和建议，及时向协会行业发展部反馈。

三是开展四项试行标准转团标工作。2021年试行的《城市道路工程监理工作标准》等四项标准，今年开展转团标研究工作。请负责单位和相关参与单位积极配合，做好相关工作，发布高质量的团体标准，推动监理行业的标准化建设。

（二）做好团标和指南审核发布工作

今年计划审核发布《房屋建筑工程监理资料管理标准》等四项团体标准和《工程监理企业发展全过程工程咨询服务指南》《家装监理指南》等两项指南。希望各转团标研究组和审核组，按照工作安排按期认真做好此项工作，并组织宣贯活动。

四、共同做好促进行业发展工作

（一）召开行业发展研讨会

为进一步发挥监理在建设工程中的作用，协会将召开"工程监管研讨会"，此次研讨会将邀请政府有关部门、业主、质监站、行业专家和监理企业共同参与，研讨监理行业发展、保障工程质量安全、强化工程管理的新思路，以促进监理行业高质量健康发展。

（二）召开三个经验交流会

为全面贯彻落实全国住房和城乡建设工作会议精神，深入推进工程监理行业信用体系建设，筑牢质量安全风险防控意识，营造诚信、自律、和谐的市场氛围，提高监理服务质量和保障投资效益，协会将在上半年召开企业诚信建设与质量安全风险防控经验交流会；下半年召开监理企业适应市场发展经验交流会。同时，为进一步发挥女企业家作用，为她们搭建沟通和交流平台，协会将在上半年召开第二届女企业家座谈会，就企业管理、信息化应用、智慧监理等进行交流。希望地方协会和行业专委会积极推荐先进典型并组织好参会工作。

（三）筹备首次港澳同行业负责人座谈会

为进一步加强与香港测量师学会、澳门工程师学会的交流与合作，协会组织筹备港澳同行业负责人座谈会。就行业发展、自律管理、服务会员等协会工作进行交流，促进内地与港澳地区同行业健康发展。

2022年是第二个百年奋斗目标的开局之年，是"十四五"规划承上启下的关键之年。面对百年未有之大变局，我们面临的机遇与挑战并存，希望与困难同在，让我们紧密围绕在党中央周围，坚定信念，创新进取，积极作为，创新发展，共同为推动建设监理行业高质量发展，为将我国建成社会主义现代化强国，为迎接中共二十大胜利召开，做出监理人应有的贡献！

牢记使命 笃行不怠——2022年广东省建设监理协会经验交流

2021 年，是具有划时代意义的一年。中国共产党迎来百年华诞，“十四五”规划顺利开局，也恰逢是协会成立 20 周年。站在行业和协会发展的新起点上，面对监理行业深化改革和行业高质量创新发展带来的机遇与挑战，广东省建设监理协会在中国建设监理协会、广东省民政厅和广东省住房和城乡建设厅的指导下，紧密团结广大会员，一如既往秉承“提供服务、反映诉求、规范行为、促进和谐”的宗旨，求真务实，开拓进取，在推进行业发展、做好会员服务、加强自身建设、弘扬行业正能量、以党建促会建等方面，做了许多富有成效的工作，协会支部党建工作也迈上新台阶。从五方面工作与大家交流。

一、为行业问道，大道至简

（一）聚焦行业改革前沿，开展课题调研

1. 致力于建设工程监理责任相关法律法规课题研究。建设监理制度在我国推行三十多年来，有力地推动了我国建设工程管理体制的社会化、专业化、规范化的进程，并在保障工程质量安全、提高工程建设水平和投资效益方面发挥了积极的作用。工程监理行业在实现高质量发展的同时，仍然存在不少问题，尤其是监理主体定位不明、相关法律法规各自解读、监理责任范围存在扩大化等问题，导致监理角色“缺位、错位、越位”，制约着监理行业的可持续发展。基于监理行业现状和会员的强烈诉求，协会特整合业内专家及法律界资深人士成立由协会孙会长为组长的专项课题组，就建设工程监理责任相关法律法规问题开展专题研究。

“建设工程监理责任相关法律法规研究”课题的总体思想是以建设工程监理（包括个体、企业及行业）为研究对象，聚焦建设工程监理刑事法律责任承担问题，以重大责任事故罪为实证研究的抓手，“工程重大安全事故罪”为主要辨别对标罪名；通过深入探索监理相关法律法规的冲突问题及监理刑事法律责任承担的司法实践规律，进而提出应对构想及系统方案，期望为推动广东省乃至全国监理制度改革提供法理支撑。该课题自 2019 年 7 月开题之初直至 2020 年 4 月课题验收结束，一直得到中国建设监理协会及住房城乡建设部有关部门和领导的高度关注与支持，此后，在近两年协会也举办一系列行业沙龙和专题法律研讨活动，围绕行业的热点事件处置，开展行业内的多渠道研讨。

为了实现对有关行业责任与风险的落地指导，尤其是聚焦建设工程安全生产管理中监理工作履职尽职免责，规范行业的有关行为管理，协会会同广东省安全生产协会（广东省应急管理厅指导下的社会团体）联合组建课题组编制《建设工程安全生产管理监理工作规程》（以下简称《规程》），作为“建设工程监理责任相关法律法规研究”课题的实践内容补充和延伸，其主要目的是推动监理单位在建设工程安全生产管理中的监理工作及相关服务的规范化、标准化，在法律层面上厘清监理单位和项目监理机构的安全生产管理责任，管理上规范监理工作程序和要求，记录资料归集上实现标准明确，从而在规范和提升监理单位在建设工程安全生产管理的监理工作及相关服务质量的同时，最大限度规避监理单位及监理从业人员在所监理的项目中安全生产管理的监理工作及相关服务的责任风险；同时也填补了广东省建设工程施工阶段安全生产管理的监理工作及相关服务标准的空白，对规范监理企业开展安全生产管理工作和提升服务质量具有指导意义。鉴于该《规程》的编制意义重大，影响深远，为确保规程实施达到指导性、规范性和实操性要求，本着审慎的态度，该《规程》历时一年半时间，几易其稿，经过与建设单位、行业主管部门及行业内部企业广泛调研，分阶段面向全国定向征求意见和业内专家评审，现已进入报审验收阶段。

2. 协会承办中国建设监理协会的

“业主方委托监理工作规程”课题顺利通过验收。近年来，在我国项目建设过程中，业主作为投资主体在五方责任主体中的影响日益突出。由于种种历史原因，投资主体性质不同、项目运作模式不同，加上相关政策法规的缺失，以及业主本身的认知问题，造成不同业主在建设项目中的定位和责任不清，行为管理差异性大，从而导致项目建设管理和工程质量安全风险等问题得不到有效遏制。2021 年 4 月初，受中国建设监理协会委托，协会承担了“业主方委托监理工作规程”课题任务。课题组以问题为导向，在调研的基础上，有重点地化解工程建设领域中业主委托监理工作和合约履行中的主要痛点、堵点，力求实现以提升业主代表在建设工程项目管理的专业化、法制化、规范化水平为目标；以推动工程建设法规体系完善，理顺业主单位和监理单位的工作关系，维护健康有序的建筑市场环境为主要工作的课题编制要求。

由于是站在业主的角度看待与监理单位的关系，有别于其他的行业团体内部标准，需要跳出监理的视角和工作惯性，客观区分各自的工作性质和边界责任，难度较大。在中国建设监理协会领导及专家的支持和引导下，协会经过前期精心研讨筹备，课题组先后进行与建设单位及监理单位考察调研、多次会议研讨和征求意见，几易其稿，历时近 8 个月顺利完成。课题验收组专家综合评议后一致认为，课题组研究分析了业主与监理工作的责权关系，系统地明确了业主委托监理工作的程序、内容和方式，对规范业主委托监理工作、夯实监理责任、规范监理行为、保障监理履职、提升工程质量安全管理水平将起到积极作用；课题研究成果具有创新性、指导性和可操作性，达到国内领先水平。

（二）联合专业媒体，为行业发声

2021 年 5 月，广东省出台了《广东省促进建筑业高质量发展的若干措施》。这是广东省第一次针对建筑业高质量发展制定的措施，对于建筑业的发展规划影响深远。监理行业作为建筑业的重要组成部分，其良性发展与建筑业整体质量水平休戚与共。11 月，广东省建设监理协会孙成会长就监理行业如何在《若干措施》指引下实现高质量发展，从行业定位与发展、机遇与挑战以及行业发展规划等方面接受了羊城报业集团下属媒体《广东建设报》专访，并于 11 月 15 日正式刊发题为《加快推进监理行业转型升级　全力赋能建筑业高质量发展——专访广东省建设监理协会会长孙成》的报道，在《羊城晚报》等多家有影响力的媒体整篇报道，引起社会各界强烈反响。该篇报道从监理行业历史发展角度，全面总结了行业成就、定位、当前面临的问题以及行业高质量发展的路径规划，尤其是对有关监理行业的风险、定位与责任做了深刻阐释，对监理行业厘清责任，把握当下机遇，推动可持续高质量发展，重塑行业形象和弘扬正能量有重要的参考意义。

二、为行业赋能，守正出新

（一）成功举办“数据融通 赋能发展”2021 工程监理行业信息化论坛

长期以来，传统的监理工作科技化应用程度不足，导致监理工作效率不高，监理服务附加值低。工程监理行业发展信息化是强化科学管理、推动技术创新的必然趋势，对于有效提升企业的核心竞争力，推动行业的高质量发展大有裨益。为贯彻新发展理念，加快推进信息化与监理行业发展的深度融合，协会经过精心筹备，在广东省住房和城乡建设厅、中国建设监理协会指导下，成功举办了“数据融通赋能发展”2021 工程监理行业信息化论坛。中国建设监理协会会长王早生以及广东省住房和城乡建设厅有关领导出席会议并致辞。来自建筑业全链条相关行业及信息化领域的专家和企业代表共 240 余人齐聚一堂，共谋信息化与监理行业深度融合的发展之路。

本次论坛有别于过往活动往往集中在行业内部本身角度，而是通过跳出行业看行业的这种新视野、新格局，站在新基建的风口，把握新机遇，充分发挥信息化的先导力量，持续推动监理行业实现动力变革、效率变革、质量变革。论坛上很荣幸地邀请了来自政府主管部门、大专院校、研发机构、监理行业上下游产业链条相关企事业单位 8 位专家学者进行跨界交流，从信息化数字化发展方向、行业信息技术的开发应用以及项目监理的智慧化管理等方面，结合监理行业的发展现状，从行业、企业、项目三个维度对信息化发展过程的经验心得进行交流分享，切实提高企业对内部信息化建设的必要性和紧迫性的认识，从而推动行业的转型升级、高质量发展。

（二）打造项目“云观摩”新名片，助力行业高质量发展

在疫情防控常态化下，由于施工现场环境的限制，采用传统线下模式进行会员间业务观摩交流形成掣肘；同时，线上的授课式培训讲座虽然可以解决一些概念性的认识，但缺乏身临其境的体验感，尤其是对一些细部和工法效果不够直观和形象，解读一些典型案例，只能看到某个静态时点，无法从全景角度，

以受众心态去针对性分享。

为让行业的从业者在学习交流中看得清、讲得透、学得懂，协会经过精心策划，打造了项目“云观摩”活动这张名片。总体的思路是用新媒体思维，借助专业的摄制团队，策划导演现场主题“情景剧”：即精选广东地区在市政基础设施和公共建筑领域极具代表性的高质量施工项目，发动现场参建单位作群演，结合项目上的亮点、难点，利用工地的不同场景形成不同主题的“故事”脚本，邀请协会专家委员会专家作为首席观摩嘉宾，由项目总监理工程师（或企业技术负责人）担任首席观摩体验官，通过现场走访等互动方式现场跟踪录制，以体验者的视角充分进行多方参与交流，并采用塔吊拍摄俯瞰全景模式和3D直播等先进技术，结合后期的视频、动画制作还原项目全过程和全景模式，开展了线上沉浸式“云观摩”体验。去年协会在“质量月”“安全月”期间，分别围绕“绿色建筑与建筑节能”“智慧强质 匠心创优”和“一城之脉 国匠精工”等一系列主题举办活动，精彩非凡；最高峰时段，在线观看人数高达1.95万人次，为迄今为止的最高纪录。观摩活动收获业界热烈反响的同时，有力推广了先进质量安全管理经验和创新技术，助力行业高质量发展。

三、为会员服务，勇担责任

（一）纾难解困，大力为会员减负

解决会员的急难愁盼，为会员减负一直是协会长期的使命和责任。自2017—2020年协会三次返还单位会费累计509万元，同时逐步降低个人会员会费。考虑到疫情及宏观经济环境影响，会员单位的收入受到不同程度的影响，为此协会在继近年为会员多次减负降费的基础上，于2021年8月再次发布会员会费减负通知，重新按单位会员会龄做出适当会费减免的规定。其中，入会满20年的单位会员，从期满之日起永久免收单位会员会费，同时为符合减免规定的会员继续减免相应期间的会费。协会通过一系列减负降费措施，切实为会员减轻负担，却始终保持“减负不减服务”的为会员服务原则，有效形成了减负降费的长效机制，将减负措施落到实处。会员对协会的向心力和对行业的信心得到进一步增强，协会会员的发展态势稳中有升。截至2021年12月底，协会单位会员总数707家，与去年同比增加了123家；个人会员12.7万人，与去年同比增加了1.5万人。

（二）优化会员教育服务，提升从业人员素质

1. 启动《建设工程监理实务》第三版修编工作。为紧跟行业改革步伐，有效提升个人会员素质，更好地为会员学习提供质量保障，协会于2017年主持编制的《建设工程监理实务》第二版部分内容需要与时俱进。2021年6月，协会组织行业专家、学者正式启动了《建设工程监理实务》第三版修编工作。本次修编将在原基础上进行大幅调整，结构上按照通用册与专业分册（如房建、市政等）相结合的方式编制，编制导向强调理论和实操相结合，突出对一线人员实际工作指引，并增加了全过程工程咨询、项目管理、装配式建筑、绿色建筑等新业态、新技术和新要求。目前，该项工作已完成初稿评审，计划于2022年上半年定稿验收，年底前完成出版发行工作。

2. 升级打造个人会员教育APP项目。2021年，为提升会员教育服务质量，协会开展了个人会员教育APP项目的升级开发工作，发挥协会的平台整合优势，借鉴“学习强国”的部分思路，引入积分制，并在行业标准、政策法规、行业热点、素质提升等方面力求突出会员对业务学习的全面性、专业性和个性化需求。目前APP项目建设已完成第一阶段验收并试运行，今年完成第二阶段开发计划，并计划于三季度进入全面运营阶段。

四、树协会品牌，内强素质

（一）加强制度建设，建立学习型组织

1. 加强制度建设，完善法人治理。随着有关政策法规的迭代更新，协会原有管理制度部分内容需进一步规范和完善。根据协会章程和省社会组织管理局要求，换届以来，秘书处逐步对原有的协会内部管理制度文件进行梳理、查漏补缺，新增、重修协会部分管理办法，以使内部管理制度体系分类合理、各项制度间关联完整、参考标准清晰和操作实用规范。近两年，秘书处集中精力编写了“新闻发言人制度”“舆情应对制度”“会费管理办法”“大宗交易采购管理办法”“专项活动经费管理办法”“捐赠管理办法”，并重新修订了“协会会员管理办法”“协会法人证书保管和使用办法”“财务管理办法”等共32项制度文件，并经常务理事会和会员代表大会审议通过。此外，为顺利做好2022年的社会组织等级评估工作，协会对照评估细则具体要求，进一步完善了有关制度性文件，为协会能再次评定为社会组织5A等级及秘书处规范日常工作提供了指

引和依据。

2. 规范工作机制，改进作风建设。协会秘书处不断改进工作作风，在日常工作中加强部门协同和目标管理，实行月度工作例会和部门日志、工作月报总结制度，通过工作留痕、总结纠偏，规范部门职责，明确业务分工，强化岗位责任，促进工作高质高效执行；同时，进一步将工作人员的业务能力、工作态度和成效与个人季度绩效考核和年度考评挂钩，目前秘书处正进行“协会专职人员绩效考核办法”修订，通过规范工作机制，激励先进，增强工作人员危机感和使命感。

（二）加强协会可视化平台建设，提升协会影响力

1. 会刊编制打造亮点栏目。去年以来，协会继续升级会刊编制，丰富栏目内容，优化排版设计，打造出“本期焦点”“专题策划”“特别报道”“党史学习专栏”等亮点栏目，不断提升读者的阅读体验。特别是第3~4期，会刊特别策划了20周年纪念特刊，盘点回顾协会20年发展历程，讲述协会20周年庆系列活动台前幕后的筹备故事，为协会成立20周年留下“独家记忆”，受到读者的广泛好评。

2. 推动新媒体优化持续升级。协会去年继续对协会网站和微信公众号进行滚动式升级：一方面调整了网站的功能模块设置和页面设计等，着力加大行业宣传指引力度，优化服务功能；另一方面从内容版式和功能服务两方面对微信公众号进行优化。每月在微信公众号定期推送的协会工作月报，和每周五定期推送的党史学习教育内容，成为微信公众号的亮点。截至12月31日，协会今年在微信公众号共发布了84条推文，收获网友大量点赞。

3. 开发启用新设计VI视觉标识应用系统。为庆祝协会成立20周年，提升协会品牌形象，协会启用新设计的LOGO及VI视觉标识应用系统。新LOGO为圆形结构，以建筑构建出“GDJL”四个英文字母变相造型，并以金色为主色调，寓意协会将凝聚广东监理行业力量，促进行业高质量健康发展。

五、以党建促会建，向阳而生

（一）隆重举办协会成立20周年暨中国共产党建党100周年系列活动

1. 举办行业网络知识竞赛，结合行业特点为党庆生。2021年是中国共产党建党百年华诞。为献礼建党百年和协会成立20周年，协会结合行业特点，于7月成功举办了2021广东省建设监理行业网络知识竞赛。活动引入积分制模式，吸引近200家单位会员和超过4000位从业人员踊跃参加，开创了疫情防控常态化下组织学习监理专业知识的新格局。历时10天的竞赛展现出行业蓬勃向上的精神风貌，产生了优胜企业奖50名，个人奖200名，取得了良好的社会反响。

2. 制作协会宣传画册及宣传片，献礼协会周年庆。协会经过精心筹备，汇聚行业精英参与宣传册编制和宣传片摄制项目小组制作编审工作，打磨出全新的协会宣传画册和宣传片，献礼建党百年和庆祝协会成立20周年。本次宣传册和宣传片以“水”为眼，既代表监理人表里如一、海纳百川和百折不挠的精神，也展现了广东监理行业勤勉务实、开拓创新的特质和20年来行业发展的辉煌成就，有力增强了监理人对行业和协会的认同感和自豪感，收获了会员单位和社会各界的如潮好评。

3. 隆重举办会员代表大会和协会成立20周年庆典晚会。2021年7月28日，协会在广州顺利召开第五届二次会员代表大会暨五届二次理事会，中国建设监理协会常务副会长王学军出席会议并发表讲话。会议表决通过了“广东省建设监理协会章程（修订稿）”“广东省建设监理协会工作报告”“广东省建设监理协会会员减负降费办法”等多项议题，会员代表、领导和嘉宾近600人参加会议。同日，庆祝广东省建设监理协会成立20周年暨中国共产党建党100周年庆典晚会也隆重举行。晚会主题鲜明、文艺节目精彩纷呈，得到了来自全省各地会员的大力支持，充分弘扬了行业正能量，有效凝聚了会员力量，增强了会员对协会和行业的认同感、自豪感。

（二）多管齐下，深入开展党史学习教育工作

1. 组织开展多种形式的党史学习教育。协会党支部按照中共中央关于开展党史学习教育的相关文件要求，一是统一为全体党员及积极分子购买了《中国共产党简史》等党史学习书籍，积极发动大家结合自身工作情况，自觉自学党史；二是多次组织开展党史学习教育专题组织生活会，围绕专题展开集中党课学习，促进党员自我修炼、加强自身政治定力和专业能力建设；三是组织全体党员及积极分子参加社会组织党委开展党课线上学习活动，深入践行党史学习，分享学习心得，从中汲取智慧和力量。

2. 开办“党史学习专栏”，加强党史学习教育宣传。2021年4月起，协会在《广东建设监理》会刊上增加了“党史学习专栏”，刊载《中国共产党在广东

100 年的光辉实践》等 12 篇党史学习文章，供全体会员共同学习；同时，从 6 月起，党支部开始在协会微信公众号上开设“学党史·悟思想”党史学习专栏，每周推出一期党史学习内容，积极宣传和实践党史学习教育工作。

3. 开展形式多样的主题党日活动。支部去年先后组织支部党员开展赴中共三大会址纪念馆参观学习、观看爱国电影《长津湖》等多种形式的主题党日活动，有效提升了党员党性修养，凝聚了党支部合力，加强了党的团结统一。9 月，党支部组织全体党员及秘书处工作人员一行 11 人，赴江西省井冈山市和南昌市开展了主题为“重温百年党史·踏寻红色印记”的党史学习教育活动，促使党员们在学习中体悟伟大建党精神，也进一步坚定共产主义信仰。

（三）践行社会责任，发挥党组织战斗堡垒作用

1. 积极发出疫情防控及支援号召。2021 年 5 月下旬，广东突发新一轮新冠疫情，协会支部第一时间吹响战“疫”集结号，一方面及时做好防疫宣传教育工作，组织支部全体党员配合做好核酸检测工作；另一方面，号召各会员单位及其党支部，积极响应省委、省政府有关疫情防控的决策部署精神，在做好自身防控的基础上，火速驰援抗疫。近 2 个月的抗疫期间，各会员单位及其党支部纷纷通过物资捐赠、资金驰援、志愿服务、承接应急工程等方式支援广东，充分展现出广东监理人的责任与担当。

2. 社区慰问，送上温暖。2021 年 9 月，党支部组织党员代表到广州市越秀区北京街道仁生里社区开展了社区慰问活动，看望慰问了该社区部分生活困难居民并送上慰问品，切实将爱心送到社区困难家庭手中，为构建和谐社会贡献了一份力量。

3. 积极参与脱贫攻坚助力工作。2021 年 9 月，广东省社会组织管理局组织开展了广东社会组织援藏援疆项目帮扶活动。协会及时响应，向全体会员单位及会员单位党组织发出倡议书，号召会员及会员党组织积极参与到援藏援疆项目帮扶活动中来。得到了以广州市市政工程监理有限公司为代表的一批会员单位的积极响应，向新疆哈密等地的社区文体设施建设项目定向捐款，为边疆地区的脱贫攻坚工作贡献了广大监理人的力量，也充分展现了协会党支部热心公益事业的大爱精神。

2022 年是中国共产党第二个百年征程的起点，党的二十大将隆重召开，“十四五”规划实施也将逐渐深入。在全面深化监理行业改革的引领下，站在新的历史起点上，协会将坚持问题导向，坚持统筹兼顾，坚持稳中求进，继续抓好行业的各项深化改革政策措施落地，在上级行政主管部门和中国建设监理协会的指导和关心下，凝聚协会内部合力，扩大行业社会影响力，助力企业转型升级、高质量创新发展。

面对新的机遇和挑战，我们深切期望广大监理同仁进一步携手共进、优势互补、资源共享，为推动行业的高质量发展做出积极的贡献。

专业服务　引领发展　持续提升协会影响力
——河南省建设监理协会

河南省建设监理协会是中部省份的行业协会，成立于1996年，现有会员单位445家（含外省进豫会员单位31家），全省注册监理工程师1.2万，监理从业人员4.8万。河南人口大省、农业大省、建筑业大省的省情，米字形高铁的交通枢纽地位，深刻影响着河南协会的办会思路和工作方法，在围绕中心，服务大局中，以“专业服务、引领发展”的办会理念，在中国建设监理协会和河南省住房和城乡建设厅的正确指导下，以振兴“河南监理”为第一要务，从团结引领行业发展、凝聚行业共识、拓展业务空间、提升治理能力、维护合法权益、履行社会责任等方面开展工作。

一、对新时期行业协会发展的理解

党的十八大以来，党中央提出了一系列新理念、新思想和新战略，对行业协会商会健康发展、作用发挥给予了高度重视，对行业协会商会的改革发展与规范管理做了系统安排，不断推进行业协会的党建工作、内部治理、服务收费等方面的改革举措。

协会据此认为，行业协会工作领域发生了历史性变革，行业协会的发展与改革工作步入了新时期，面临新的任务、新的课题，行业协会将在经济社会发展中承担更多的职责和责任，在提供社会服务、参与社会治理、加强行业自律、扩大对外交流等方面应有所作为，时代对行业协会及其工作者也提出了新要求和新期待。在这样的认知下，行业协会需要重点加强对会员单位的政治引领和组织引领，以章程为核心，通过协商民主，广泛性、多层次地将会员单位牢牢凝聚在协会周围。行业协会要遵循市场规律办会，从被动依赖型向独立主动型转变，从传统思维型向现代创新型转变，不断探索协会的会员发展与服务方式，不断增强竞争力、凝聚力和号召力。行业协会还要在加强党建工作中促进发展，让社会认可，使政府信任，为加强和创新社会管理贡献一份力量。

二、打造“河南监理”市场品牌

社会组织的运作应有自己的“道”，也应该有自己的精神价值层面的追求，从协会内在属性来说，“道”就是利他精神、公共利益、公共精神，这个就是行业协会的初心，违背了这个初心，就是背离了行业协会的正道。协会的“道”以利他为宗旨和本质，通过群体利益的最大化使个体受益，协会也能从公共性中获得权威，实现力量聚合，代表行业利益，表达行业使命，使行业协会更有公信力、权威性和号召力。基于此，2022年河南协会提出了打造“河南监理”品牌的想法，并从“开放、包容、团结、繁荣”四个维度阐述“河南监理”的品牌意义，要求会员单位以自己闪亮的业绩、规范的行为、良好的形象、进取的文化一起塑造和维护“河南监理”品牌形象，良好的“河南监理”的品牌价值也必将助力河南监理企业的发展。

三、设立“会员日”

服务会员是协会最日常、最核心、最基础的工作，通过有针对性的服务，才能吸引会员。但是行业协会不可能对数百家甚至上千家的会员提供一对一的服务，广大会员的需求和问题也不可能一一去解决，协会的力量只能辐射到有限的范围，这就自然而然形成了核心会员和非核心会员。狭义的服务只能针对核心会员，他们是协会的支柱和可以依靠的力量，反过来说，这些核心会员也不是仅仅依靠服务就能凝聚起来的，而是靠内部治理和情感联结、对行业的使命和责任，使得核心企业与协会保持了良好的互动。

对于非核心会员如何服务呢？如何增强对非核心会员的黏合度呢？河南协会设立了“会员日”，每双月第二周的星期三，邀请不同类型、不同资质等级、不同地区的监理企业负责人、部门主管、机关员工、项目驻场监理人员来协会做客，与协会负责人、各专业委员会委员、秘书处各部门职事人员等进行讨论交流，共同分析行业发展形势，听取意见和建议。同时邀请有关主管部门处室公务人员出席会员日活动，了解行业和企业的发展情况。通过“会员日”，进一步拉近协会与中小企业的距离，增强会员的黏合度，协会也可以了解到会员的真实需求，有利于提供有针对性的服务。

四、设立“青年经营管理者”工作委员会

经过第一代和第二代创业者的筚路蓝缕，艰苦开创，监理行业发展到今天的规模和体量；第一代创业者已经退休，第二代创业者也接近退休，第三代创业者踏上了历史舞台，第四代创业者正在培育。如何发挥第三代创业者中生代、主力军的作用，让他们顺利接过第二代创业者的大旗，同时，加速培育第四代创业者；河南协会 2022 年将成立“青年经营管理者”工作委员会，聚焦青年高管人才的成长，关心、关注他们职业发展中遇到的问题，破除他们职业发展中遭遇的障碍，让他们有更多的机会参与到行业治理中，得到更多历练的机会。

五、“抓大放小，以点辐面”开展行业自律

行业自律十分艰难，协会没有任何执法监督权，困扰行业的监理收费问题本质上是因为施工现场人员配备和服务质量的问题，如果项目现场人员配备和服务质量强制得到保障，低价竞争会迎刃而解。但协会没有能力让监理企业按标准要求去配备人员和提供服务，监理企业低价中标后仍然可以通过降低服务质量盈利。同时，如果协会以行业自律的方式明确价格底线，又会涉嫌价格同盟，引起价格监管部门和业主的干预。还有很重要的一点，大中小企业发展阶段不一样，其管理成本也相差很大，从市场规律来看，用相同的标准去衡量大中小企业，也是不公平的，再加上省辖市的经济发展差异很大，开展行业自律十分棘手。综合各种因素之后，河南协会提出了“抓大放小，以点辐面”的做法，把能做的先做好，不能做到的建立参照标准。政府投资或国有资金占主导地位的项目监理服务基本价格，郑州地区大约在合理控制价的 80%，洛阳地区大约在合理控制价的 90%。房地产项目可以参照执行。目前郑州、洛阳基本做到了按这个标准收费。

六、提升工程质量安全监理知识水平

工程的质量和安全，是监理企业持续发展永恒的主题，也是高质量发展的现实表现，是健康发展的基础和前提。做好一件工作，首先要掌握该工作相关的知识。2021 年河南协会举办了第三届工程质量安全知识竞赛，以“履行工程质量安全监理职责，推动建设监理企业安全发展”为主题，通过征集试题、企业选拔、预选赛、总决赛四个阶段，在全省掀起了学习工程质量安全监理企业知识竞赛的热潮，总决赛向全行业现场直播，共同学习评点工程质量安全知识要点。知识竞赛是形式，实质是工程质量安全知识的普及，核心是解决现场质量安全知识的缺乏，目标是工程质量安全意识的提高和质量安全管理能力的提升，正确诠释工程监理的价值观。通过知识竞赛，监理人员用知识为自我添彩，监理企业用参赛展示了奋进的姿态。工程质量安全监理知识竞赛也得到了政府主管部门、建设单位以及施工单位的关注，并得到他们的积极正面的评价和反馈。

七、持续提升监理工作标准化水平

随着中国社会经济的发展和国家综合实力的增强，在世界发展格局中“中国制造”正在向“中国标准”转变。“得标准者得天下”这句话揭示了标准举足轻重的影响力。而在中国企业“走出去”的过程中，输出“中国标准”一直都被视为最高追求。从某种意义上说，确立标准也是监理行业高质量发展和监理企业做大做强的有效手段，工作标准是提升监理服务质量的有效抓手，能够促进项目监理机构真正发挥监理作用。

河南协会高度重视标准化建设工作，积极参与中国建设监理协会的课题研究工作，开展河南省监理协会团体标准的编制工作，去年发布了团体标准房屋建筑和市政公用两个专业的《工程监理资料管理标准化与信息化工作指南》，立项了《全过程工程咨询操作指南》《监

理第三方巡查服务工作标准》《装配式钢结构住宅工程监理工作标准》。今年协会即将立项《项目监理机构标准化评估指南》《绿色建筑住宅工程施工阶段监理工作标准》以及化工石油、铁路、通信三个专业的《工程监理资料管理标准化与信息化工作指南》。

八、加强行业文化建设

协会从 2013 年开始，每两年都在全行业举办田径运动会，用竞技体育的精神激励从业人员不畏强手，敢打敢拼，勇创佳绩，珍视荣誉，同时用运动会的形式去营造“团结、友善、和谐”的行业发展氛围，监理企业之间既是正当竞争的同行，也是相互促进、共同发展的朋友。考虑到运动会的广泛参与度，协会将运动会的形式确定为田径运动会，一是因为田径运动会在户外举办，场地使用成本低；二是企业组织员工参加运动会的成本低，参加人数较多；三是场地开阔，容纳的人比较多，开幕式观赏度较高。2021 年举办了第四届田径运动会，45 家监理企业 400 多名运动员参赛，1500 名监理从业人员参加了开幕式，并现场观看了比赛。

九、规范开展专监和监理员知识技能培训

培训涉及收费和发证两方面的难题。培训因为是向市场主体收费，涉及营商环境，要接受省市场监督局的监督。河南协会是这样做的，一是收费标准在会员大会上无记名表决通过；二是在协会的网站公布收费项目和收费标准；三是在办公场所进行挂牌，标识收费项目和收费标准。这样做后，得到了省市场监督局的认可。

发证问题，关联着强制入会、强制培训、设立行业门槛的问题。培训不是仅对会员单位开放，而是对所有监理企业开放，社会机构和监理企业也可以开展培训，培训的性质不是资格和岗位培训，而是知识技能培训，原则是“谁发证谁负责”，证书有聘用单位盖章栏，协会对考核负责，监理单位对聘用负责。这样做后，得到了业务主管部门和人事管理部门的认可。

协会发的专业监理工程师和监理员证书，得到了主管部门、招投标管理部门和建设单位的认可，证书在使用中也具有权威性。

十、与党报媒体加强合作

为弘扬工匠精神和精益求精的敬业风尚，突显河南监理行业高质量发展成果，协会和河南日报社每年共同举办一届“工匠精神、筑梦中原”为主题的河南城乡建设发展高峰论坛。协会在论坛之前向河南日报社推介高质量发展标杆监理企业、创新型领军监理企业和杰出监理工程师，河南日报社组织专家评审，评选出十佳高质量发展标杆监理企业，十佳创新型领军监理企业、十佳杰出监理工程师，名单在河南日报社公布，并在高峰论坛上发布并颁奖。

目前，活动已举办了四届，作为推介出彩河南企业和河南人的党媒活动，监理行业的职业精神、职业道德、职业能力和职业品质得到了政府有关部门领导的认可，监理行业追求卓越的创造精神、精益求精的品质精神和用户至上的服务精神也得到了社会公众较深程度的理解。

十一、履行社会责任

行业协会是自治管理组织，是沟通政府、企业和市场的桥梁与纽带，有着推动社会发展、提供公共产品及服务、表达及维护行业企业利益、协调及稳定社会的责任，行业协会通过履行社会责任，可以树立良好的社会形象，并赢得社会良好的反馈、理解和尊重。

河南协会充分发挥行业组织优势，在疫情防控中号召监理企业除了做好本企业职工防疫措施外，积极参与社区及有关部门的疫情防控工作，积极推动监理企业开展志愿服务和疫情防控捐赠活动。在郑州遭遇特大暴雨时，协会党支部党员奔赴抗灾一线，倡议并指导监理企业和从业人员积极参加抢险救灾及志愿活动。据不完全统计，112 家监理企业，以引导倡议、捐款捐物、紧急救援、志愿服务、技术咨询等方式参与了防汛救灾和灾后重建工作，累计捐款 310 万元，累计捐赠救灾物资折合人民币 127 万元；共派出志愿者 2300 人次，共有 200 家企业的 1300 余名专业技术人员报名参加了全省农村受灾房屋鉴定咨询服务工作。

结语

当前协会面临的问题是如何加快自身的建设与发展，适应社会的转型、行业的变革，能够起到真正的引领和指导作用，提供真正满足会员深层次需求的服务，在工程监理行业发展的长周期中，把握行业发展的阶段性特征，贯彻新发展理念，以善治良策引领监理行业迈向更加均衡、更加高端的高质量发展之路，更好地发挥行业协会在促进经济社会改革发展中的建设性作用。

坚持党建引领 服务发展大局 筑牢人才基石 ——上海市建设工程咨询行业协会

2021 年是开启全面建设社会主义现代化国家新征程的第一年，是“十四五”开局之年，中国共产党也在这一年迎来了建党 100 周年。在世界百年变局和世纪疫情交织的情境下，我国及上海地区的固定资产投资继续保持稳步增长，由此可以看出，整个行业的发展一直保持稳中前行，欣欣向荣。

面对新的发展阶段，上海市建设工程咨询行业协会坚持以习近平新时代中国特色社会主义思想为指导，牢牢把握坚持党建引领的前进方向，始终不忘服务发展大局的初心使命，努力践行筑牢人才基石的责任担当，力争构建一支功能完善、诚信自律、充满活力的协会队伍，为行业、为实现党的第二个百年奋斗目标做出贡献。以下为协会 2021 年开展的部分重点工作。

一、坚持党建引领，保证发展方向

为了引导会员单位继承和发扬光荣传统，坚定中国特色社会主义理想信念，协会党支部牵头从年初开始策划组织“庆祝中国共产党成立 100 周年系列活动”。

1. 2021 年新年伊始，协会在上海音乐厅举办以“百年礼赞，爱的致意”为主题的“庆祝中国共产党成立 100 周年暨 2021 年上海市建设工程咨询行业新年音乐会”。以音乐的形式诠释了对党、对祖国、对时代的热爱，描绘我党百年奋进历程。音乐会还以录播的形式在协会的网络平台“SCCA 在线教育中心”上线，向社会开放播出。

2. 上半年，协会以“发挥基层党建作用，提高基层党建质量，提升基层党建活力，创新基层党建形式”为主题，组织上海市建设工程咨询行业内党建特色项目“薪火项目”征集活动。通过总结挖掘有实效性、创新性、辐射性的“薪火项目”，引导会员单位不断增强党组织的创造力、凝聚力和战斗力，最终在 7 月发布了一批来自会员单位的创新党建制度、丰富组织生活、服务精品工程 3 个方面共 24 个党建项目。

3. 协会于 4—8 月开展了上海市建设工程咨询行业基层党组织示范点“建设先锋”创建活动。以“堡垒筑在最基层，党旗飘在最前沿”为主旨，发动会员单位在业务一线设立基层党组织，积极发挥基层党组织在工程一线的战斗堡垒和先锋模范作用。经会员单位自发组织，各级党组织推荐，有 35 个党组织与协会党支部共同创建“建设先锋”。参与的党组织根据自身党建要求，对标创建标准，在创建期间自觉开展形式多样、内容丰富的活动，积极参加协会组织的行业共建联建活动，形成了良好的党建氛围。

4. 为认真落实习近平总书记在全党党史学习教育动员大会上重要讲话精神，协会今年还举办了上海市建设工程咨询行业党史知识竞赛，在行业内掀起了党史学习教育的热潮。首先于 6 月下旬期间以网络答题方式进行党史知识竞赛预赛，得到了会员单位的积极响应和热情参与，近 300 名从业者参加竞赛。在 7 月底角逐产生了团体赛一、二、三等奖，个人赛一、二、三等奖，以及优秀团队奖、最佳组织奖、优秀答题手、重在参与奖等奖项。

5. 7 月 29 日，协会召开上海市建设工程咨询行业举办庆祝建党 100 周年大会暨党史知识竞赛决赛。会议邀请了上海市优秀共产党员做个人先进事迹交流；发布了行业内党建特色“薪火项目”并选取了 3 个最佳案例做交流发言；大会还举办了党史知识竞赛决赛，现场气氛十分热烈。活动得到了上海市住房城乡建设委、上海市城乡建设和交通系统直属单位党委的充分认可和大力支持。全市建设工程咨询行业企业及基层党组织代表等共计 200 多人参加了会议。《建筑时报》《建设监理》等媒体对活动进行了宣传报道。

6. 与此同时，协会党支部努力发挥党组织在协会工作中的政治引领作用，推动协会业务工作开展，服务于企业行业发展。为了扩大党组织对协会秘书处的影响力和凝聚力，并辐射推动行业党建活动的多样性，协会与会员单位联合开展寻找红色记忆、走访初心之地、开展户外拓展、组织联组学习等丰富多彩的共建活动；举办“学党史、悟思想”党课学习，邀请了中共上海市委党校的教授上党课，协会党支部、秘书处成员与会员单位基层党组织共同学习党史，交流思想；协会还与上海市建筑建材业市场管理总站共同举办党史联组学习主题党日活动，参观保护性综合改造项目，聆听行业主管领导亲授的专题党课，并践行“我为群众办实事”的服务宗旨，联合举办“行业发展大讨论”企业交流座谈会，深入探讨行业发展新局面，并现场解答企业在实际经营过程关心的政策落实、办事服务等方面的问题。

7. 为了加强建党百年系列活动宣传力度，协会以“互联网+”模式推动党建宣传工作的不断创新和良性传播。作为协会服务的重要载体，协会网站与两个微信公众号共同开设了“建党百年”专栏，包括“初心之地”“党史知识竞赛”“党史上的今天”等活动专题，协会主办的月刊《上海建设工程咨询》也开辟了“党旗飘扬”专栏。这些载体一方面宣传协会开展的各类党建工作和活动，积极展示会员企业在党建方面的优秀成果；一方面宣传党的知识、党的历史和党的执政理念，进一步展现行业党建风貌。协会公众号因此再次荣获2021年全国建筑业最具影响力微信公众号、优秀微信公众号称号。

二、服务发展大局，持续深耕细作

1. 开展“工程监理企业发展全过程工程咨询服务指南”课题研究

受中国建设监理协会委托，2021年协会承接了“工程监理企业发展全过程工程咨询服务指南”课题。全过程工程咨询试点四年多来获得了各方关注，在2020年完成的“工程监理企业发展全过程工程咨询的路径和策略”课题成果基础上，课题组经过反复斟酌和讨论，从各有争论到达成共识，进一步明确企业发展全过程工程咨询服务的主要路径，为想要培育全过程工程咨询服务能力的，及愿意积极参与全过程工程咨询业务的工程监理企业的管理者们，编制一份具有可操作性的实用指南，其应用价值在于为企业经营者提供了培育全过程工程咨询服务能力的战略谋划，希望推动工程监理行业提升质量、创新转型。

2. 研究编制“施工阶段项目管理服务标准”

受中国建设监理协会的委托，协会还承接了“施工阶段项目管理服务标准”课题研究任务。协会组织了本市开展项目管理服务的骨干企业，以及来自安徽、广西、甘肃、河南的外省兄弟协会、行业同仁共同参与课题研究。本课题是为工程监理企业开展建设实施阶段的项目管理服务编制通用的工作标准，借鉴了国内成熟的项目管理相关标准成果，并且结合国内不同地区项目管理的服务特色，又兼顾了未来项目管理服务的发展趋势，为指导工程监理企业开展施工项目管理服务起到规范性、引导性的作用。在疫情常态化形势下，为了保障疫情防控的各项要求以及课题任务的稳妥推进，在研究过程中，课题组通过线上、线下结合的方式多次组织课题工作会议，最终于12月下旬顺利通过专家组验收。

3. 启动住房和城乡建设部课题“防范工程风险提升工程监理质量安全保障作用机制研究”任务

年底，协会接到住房和城乡建设部建筑市场监管司任务，启动了部委托课题“防范工程风险提升工程监理质量安全保障作用机制研究”的相关工作，本课题研究工程监理防范化解工程风险、提升质量安全保障作用的机制措施、政策建议，进一步夯实监理责任、规范监理行为，推动工程监理行业高质量发展。协会已于12月组建课题组、召开开题会议，为使研究成果更具有全国代表性和普适性，课题组成员来自华北、中南、长三角等各个地区，也有来自建设管理部门的专家参与，在研究过程中，我们将广泛调研收集各个地区的宝贵意见。按照研究工作要求课题计划于2022年10月完成。

4. 参与编写《上海市建筑业行业发展报告》

由上海市住房城乡建设委组织出版的《上海市建筑业行业发展报告》，以蓝皮书形式切实反映上海市建筑行业全貌，内容涵盖勘察设计、建筑施工、建设工程咨询、工程检测、建材使用，以及行业主管部门的管理思路、专业行业分析以及典型企业的发展情况等，汇集了建筑业大量基础数据，全面反映了上海建筑业行业年度情况。到2021年，《报告》已经连续出版了7年，以数据翔实、权威分析获得了广泛认可。在历年报告的编撰过程中，协会积极提供本市建设工程咨询行业的基础数据及典型企业发展案例，并参与撰写每一年度的建设工程咨询行业特点、行业发展的重点专题等。

据最新的《报告》显示，工程总承包、全过程工程咨询、建筑师负责制等全过程、集成化服务成为未来市场服务的重要模式，也成为企业新的业务增长点，建设工程咨询行业企业跨业务经营不断增加，招标代理、工程造价咨询资质取消后，行业融合化、多元化发展趋势更强。

5. 持续做好“示范监理项目部”评选的品牌活动

2021年中，协会启动了“上海市建设工程咨询奖2020年度示范监理项目部”评选活动。本届评选活动中，项目数量和参与企业数量都创新高。协会严格按照评选活动的评价体系和标准，对申报项目组织材料初审、现场检查、专家复审等环节的工作，报本市建设主管部门征求意见后，经协会会长会议审议通过，最终于2022年1月公示并公布了获选的58个监理项目部。今年秘书处重新修订了“示范监理项目部检查表”，对检查内容重新归纳完善，补充或修订了近年来本市新的管理要求如关键岗位人员管理、危大分部分项工程安全管理、施工机械安全管理以及建筑工地疫情防控的有关工作要求，细化了检查方法和判定标准。这项工作已经坚持开展了10年。从第一届31家监理企业84个项目部参与，到2020年有62家企业140个项目部参与，“示范监理项目部”品牌在行业内外的参与度、影响力和示范辐射效应越来越高。

三、筑牢人才基石，激发创新活力

1. 进一步加强协会青年从业者联谊会平台建设

协会青年从业者联谊会成立自2019年9月，是由本协会单位会员中的青年从业者和行业内其他青年从业者自愿成立，隶属于本协会的联谊会。青联会有自己的章程、组织架构和活动机制。旨在加强行业内青年从业人员之间的交流，提升他们在行业和本协会发展中的参与度，建立沟通的桥梁。青联会的主要目标是通过专业提升、互动交流、参与活动提升行业内青年从业者对行业和本协会的认可度，吸引更多优秀的青年人才加入行业。

过去一年中，积极创新活动形式、稳妥扩大成员规模是协会青联会工作开展的主基调。青联会举办了诸多丰富多彩的活动：4月组织部分成员参观了苏州河段深层排水调蓄管道系统工程试验段项目，并与参建单位开展了深入的专业交流；10月举办“青年沙龙”，由青联会成员中的青年专家主讲“‘证照分离’背景下，工程咨询服务本源再思考”；12月举办“大咖面对面”，邀请到上海同济工程咨询有限公司董事总经理杨卫东，上海浦东新区投资咨询公司总经理郑刚两位大咖，由上海建科建筑设计院有限公司总经理沈轶主持，进行关于全过程工程咨询热点问题的思辨讨论；2022年1月还举办了“提升孩子适应力，保持孩子学习力”为主题的家庭教育讲座，结合西方成熟理论和中国文化传统，分析了孩子成长过程中的内在需求，生动讲述了适用于不同年段孩子的家庭教育重点。

除了开展形式多样的活动外，青联会还开展了2021年度青年从业者论文征集活动，助力本市建设工程咨询领域的实践研究，激发青年从业者在专业领域的钻研精神，提高他们的学术研究水平，促进会员单位青年人才交流与学习。协会组织了多轮专家评审，对征文进行审查，最终评选一等奖优秀论文11篇，二等奖20篇，三等奖14篇，鼓励奖13篇。获得一等奖的论文自12月起在《建筑时报》先后发表。

“青年沙龙”“大咖面对面”“青年论文”等活动是青联会创新活动形式的第一次尝试，今后将以系列活动的形式呈现，为青年人士开阔专业视野、找准职业发展方向，进一步凝聚行业优秀人才，逐步打造成为行业的品牌活动。协会青联会也会进一步帮助成员提升生活质量、丰富业余文化生活、汲取健康奋进的精神力量。

2. 加快构建行业现代化职业教育体系

疫情防控常态化给人们的生产生活方式带来巨大变化，行业从业人员培训、考试等工作随时可能受到疫情影响无法正常开展，但是建设任务没有停止，从业人员教育需求仍在。与此同时，随着“互联网+”的兴起，教育形式比以往更加多样，在线教育成为职业教育的主流发展趋势，给传统教育方式带来冲击。在双重影响下，协会自主研发了“SCCA在线教育中心”，不仅解决了从业人员面授培训因疫情影响暂停的问题，也更加丰富了行业的教育资源和学习渠道，提供一站式的在线职业教育体验。

平台的建设实施边运行边开发的模式，在2021年1月完成了5.0版本升级。本次升级主要加载了企业后台的用户层级，针对企业、机构提供全流程学习管理体系专业服务，包括员工信息管理、培训信息管理、考试成绩及证书管理等多重功能，方便用人单位统一管理本单位从业人员的职业教育培训活动，为传统企业提供信息化员工培训管理解决方案，帮助企业减少经营压力，降低管理成本，关注用人企业的长期发展。

企业使用本平台能有效利用外部教育资源，有助于建立学习型组织，实现个性化管理优势，打造更好的人力资源生态体系，助力企业持续发展。这项功能目前已向协会会员单位免费开放。

平台自2020年3月23日投入使用后，总体运行情况稳定良好。截至2021年12月，共开设11门职业培训课程，14节公共讲座课程；注册用户达到18573人；完成培训26173人次；用户累计在线学习69.59万学时；有考试要求的课程，在线考核通过6431人次；平台单日最高访问量268.82万次，最高同时在线3730人，平均每日在线895人；在全国33个省、直辖市等均有用户使用。平台不仅解决了新冠疫情期间，本市建设工程咨询行业对职业及岗位人才培养考核的迫切需求，更加提高了协会信息化管理水平，并在服务企业、支持政府等方面提升了数字化服务输出能力，为加快构建现代化职业教育体系，为行业专业化人才队伍建设，为实现人才和企业、市场与政府的双赢发挥了重要的作用。平台于2021年通过了上海市区级“智慧城市建设”资助专项资金项目的验收，获得了政府补贴，还于年底被上海市社会组织服务中心入选为《上海市百佳社会组织案例集》特色案例，获得了合作单位、各级政府和事业单位的一致好评，受到了行业及社会各界广泛关注和一致认可。

2022年初，协会立项了“建设工程咨询人才培养研究”课题，希望通过本课题研究适用于行业发展和未来趋势的人才结构、培养机制和培训课程体系，为编制行业培训教材和人才培养计划提供依据和参考。今后，协会将进一步提升“SCCA在线教育中心”的系统功能，建立更加完善的职业全生命周期教育体系，从行业普及到就业选择，从持证上岗到职业资格，从持续提升到全面发展，为行业培育高质量人才队伍服务。

协会取得的阶段性成果离不开中国建设监理协会和广大兄弟协会、行业同仁的支持。风劲潮涌，自当扬帆破浪，任重道远，更需策马扬鞭。随着住房和城乡建设部“十四五”建筑业发展规划等政策的不断推行，建设工程咨询行业也将在新常态下续写崭新的篇章。我们清醒地看到协会的工作还存在不足之处，还需要在今后的工作中切实地加以解决和完善，更要进一步增强担当意识和服务意识，锻长板、补短板、树正气，充分发挥行业协会的桥梁纽带作用，努力配合政府部门的工作，认真践行服务企业的核心宗旨，为促进建设工程咨询行业的健康发展做出新的贡献。

以出台化工建设工程监理规程团标为契机推动监理工作标准化、规范化

中国建设监理协会化工监理分会

2021 年是极不平凡的一年，是我党实现第一个百年目标，向第二个百年目标乘胜前进，开启“十四五”规划的起步之年。一年来，化工监理分会在中国建设监理协会的指导帮助下，紧紧围绕行业发展和分会工作实际，在各会员单位的共同努力，开展了大量卓有成效的工作。

2021 年，面对世界经济增长低迷、国际经贸摩擦加剧、国内经济下行压力加大、新冠疫情全球蔓延的复杂形势，化工监理分会以习近平新时代中国特色社会主义思想为指导，认真贯彻落实党中央、国务院各项方针政策，落实中国建设监理协会的工作部署，按照既定工作计划，认真做好各项工作。

（一）组织开展“化工建设工程监理规程”课题研究，促进化工建设工程监理服务标准化、规范化建设

2021 年，按照中国建设监理协会的统一部署，开展了五项团体标准转换工作和四项课题研究工作，确定“化工建设工程监理规程”由化工监理分会作为牵头单位。按照要求，分会圆满完成了相关工作。

一是高度重视，周密安排。2021 年 3 月下旬，经分会研究，组织三家主编单位负责，坚持高标准、高质量原则，结合化工工程建设行业特点，吸收标准试行过程中提出的合理意见建议，并按照委托合同的要求做好团体标准转换和课题研究工作，以更好地促进、保证行业健康发展。

二是立足实践，群策群力。《化工建设工程监理规程》于 2020 年 10 月至 2021 年 3 月在全国化工监理行业进行了试行执行，效果反馈良好，对化工监理工作规范化、标准化起到了很好的指导作用。按照中国建设监理协会要求，分会安排专人牵头，各会员单位发挥自身优势，对规程条文进行了认真修改、完善；编制组完成了《规程》内容的进一步整理和部分条款的完善工作。2021 年 6 月、8 月和 10 月，中国建设监理协会连续召开《规程》转换团体标准验收会，中国建设监理协会副会长兼秘书长王学军对《规程》编制工作给予了充分肯定，并希望课题组按照专家提出的意见抓紧修改完善，争取尽早为化工工程监理服务规范化发挥应有作用。分会组织化工监理分会专家对预审组专家提出的修改意见进行深度修改完善。

三是保质保量，按时发布。按照团体标准格式，参照《工程建设标准编制指南》要求，结合专家意见，分会组织对《化工建设工程监理规程》进行深化调整，调整后的《规程》共 10 章和 3 个附录，涵盖项目监理机构及开工前监理工作、工程质量控制、工程进度控制、工程造价控制、HSE 管理、合同管理、组织协调、监理文件资料管理、相关服务、工程监理单位对项目监理机构的监督管理等业务范围，使全过程监理服务进一步规范化、标准化。

按照工作计划，经中国建设监理协会审查，批准《化工建设工程监理规程》作为团体标准并发布，标准编号为 T/CAEC 003—2021，自 2022 年 1 月 1 日起实施。

（二）进一步完善化工工程监理行业诚信体系，有效推动行业健康发展

企业不断壮大会越来越重视品牌建设，在建设行业投标拓展业务时品牌建设显得尤为重要，AAA 信用等级认证便是品牌建设的一项重要内容，是企业信用的体现。分会遵循服务企业不以营利为目的和公平、公开、公正的原则，继续开展了信用等级评定工作。

根据《化工工程监理企业信用等级评定管理办法（试行）》相关规定，分会组织对参加化工监理企业信用等级评定的企业申请材料进行了评审，同时对三年到期的化工工程监理企业 AAA 信用等级进行复评。业内 4 家企业通过评审获得 AAA 信用等级，28 家企业通过 AAA 信用等级复评。截至目前，共有 37 家化工监理企业获 AAA 信用等级证书。

信用等级评定工作对进一步完善化工工程监理行业诚信体系建设，促进行业自律起到了良好推动作用。各会员单位把信用体系建设作为本企业的一项重要工作，为促进企业创新管理、转型升级，有效提升工程管理水平和服务质量，进一步树立监理行业威信，发挥监理队伍在工程管理咨询方面的优势，不断规范工程监理行为，提高履职能力和服务质量，推进工程监理行业高质量发展做出新的贡献。

（三）认真落实中国建设监理协会工作部署，不断提升分会的工作质量和效果

工程监理工作在国家经济建设中是关系工程质量、安全生产和投资效益的重要工作。一年来，化工监理分会秘书处认真学习贯彻习近平新时代中国特色社会主义思想，积极参加中国建设监理协会的会议，领会精神，分享在项目管理中的经验和做法，进一步提高分会的工作质量和效果。

2021 年 3 月，分会组织参加中国建设监理协会在郑州组织召开的“中国建设监理协会六届三次会员代表大会暨六届四次理事会”和“全国建设监理协会秘书长工作会议”，按照《中国建设监理协会 2021 年工作要点》，分会及时组织会员单位认真落实会议精神，安排部署分会 2021 年度重点工作。

2021 年 5 月，化工监理分会组织召开了 2021 年度常务理事会会议。会议传达贯彻中国建设监理协会 2021 年工作安排，重点就推动化工监理企业向全过程工程咨询服务转型升级，促进监理行业高质量发展进行了研讨，并具体研究交流了化工监理分会阶段性重点工作，化工监理分会常务理事会成员及相关企业负责人共 40 余名代表参会。

按照中国建设监理协会“关于征集项目监理机构经验交流材料的通知”要求，分会积极组织会员单位开展总结交流活动，在广泛征求会员单位意见的基础上，分会秘书处推荐北京华旭工程项目管理有限公司、中冶南方武汉工程咨询管理有限公司、中天昊建设管理集团股份有限公司三家企业提供项目监理机构经验交流材料，并参加了 6 月在成都组织召开的“项目监理机构经验交流会”大会交流，分会还协调四川的两家会员单位参加了这次全国性的监理工作经验交流会议，收到良好效果。

2021 年 10 月，分会组织召开 2021 年度工作会暨全体会员代表大会，总结前段工作，谋划未来设想。会议期间组织长沙华星建设监理有限公司、贵州化兴建设监理有限公司、武汉天元工程有限责任公司、攀钢集团工科工程咨询有限公司等企业进行了工作经验交流发言。

（四）进一步强化协会建设工作，不断提高分会服务企业的能力

化工监理分会是中国建设监理协会的一个专业分会，是为适应我国蓬勃发展的化工建设监理行业而设立的。为确保分会顺利开展各项活动，促进分会健康发展，在分会建设等方面，秘书处精心安排，切实为会员单位开展服务。

按照中国建设监理协会的要求，分会组织编制了“十四五”发展规划，规划系统总结了“十三五”期间的工作，对“十四五”期间发展方向进行了规划，分会将在“十四五”期间努力为会员单位提供优质服务、真实反映诉求、规范企业行为，在促进行业健康发展等方面继续为广大会员做好服务工作。

分会不断健全机构建设，增补广东国信工程监理有限公司总裁陈驰、北京华旭工程项目管理有限公司总经理李伟等同志为副会长，为分会领导机构补充了新鲜血液。

2021 年，面对新冠疫情和市场竞争日趋激烈的大环境，分会积极创造条件，引导监理企业高质量发展，发扬监理企业的责任和担当，在中国建设监理协会的领导和具体指导下，在全体会员单位的大力支持下，勇于开拓创新，收获满满。

2022 年是我国“十四五”规划实施的第二年，化工监理分会将牢记初心，聚力聚焦工程质量、安全，致力于提升政府、社会信任，按照新发展理念要求，提高站位，发挥引领，全面落实中国建设监理协会的工作部署，努力做好各项工作。以《化工建设工程监理规程》的出版发行为契机，组织、引领会员单位学习、贯彻监理规程，推动监理工作标准化、规范化，促进监理企业高质量发展。

化工监理分会在新的一年将始终坚持以习近平新时代中国特色社会主义思想为指导，在中国建设监理协会的指导支持下，更好地开展工作，为促进化工监理行业健康发展，为落实“十四五”规划，为实现化工监理行业的更快发展做出新贡献，以优异成绩迎接党的二十大胜利召开。

如何编制危险性较大的分部分项工程监理实施细则

刘志远　刘鹏宇
北京京监工程技术研究院有限公司

摘　要：本文对危大工程监理实施细则编制进行探讨，提出危大工程辨识方法，列示了应编制危大工程监理实施细则的名称，并提出了监理实施细则的编制要点及要求。

关键词：危大工程；监理实施细则；项目监理机构

根据《危险性较大的分部分项工程安全管理规定》（住房城乡建设部令第37号）和国家标准《建设工程监理规范》GB/T 50319—2013要求，对危险性较大的分部分项工程（以下简称“危大工程”），项目监理机构应编制监理实施细则。近年来，北京市住建系统在对危大工程执法检查及相关通报中指出：一些监理单位编制的监理细则缺乏针对性。造成上述问题的主要原因在于项目监理机构重视不够，没有充分认识监理实施细则的作用和重要性。

由于危大工程具有数量多、分布广、管控难、危险性大等特征，国家有关部门和地方政府相继发布了管控的规范性文件。作为工程监理单位，应如何对危大工程采取行之有效的管控呢？笔者通过在北京市建设监理协会后备人才培训班的专题研讨，并结合实际工作经验，对相关问题进行专门研究，认为工程监理单位必须重视监理实施细则，以“实施监理，细则先行”作为指导思想，加强细则的针对性和可操作性，起到指导监理工作的作用。

一、危大工程监理实施细则的作用

编制一份具有针对性和可操作性的监理实施细则，主要是为了达到规范和指导监理工作的目的。对于危大工程，监理实施细则的具体作用为：

（一）落实监理各项管控措施

编制监理实施细则，项目监理机构需熟悉并掌握施工图纸、专项施工方案及相关要求，为细则编制的针对性和可操作性打好基础。同时也是提前在细则中对施工进行模拟管控的过程，对接下来要进行的施工阶段做好监理控制措施。

（二）使监理工作顺利开展

由于现阶段监理行业的人员素质良莠不齐，项目监理机构在实施监理时，建设单位不能完全信任，施工单位也不能完全信服，从而使工作开展起来甚是艰难，所以项目监理机构编制一份能实际指导开展监理工作的实施细则，会使监理单位与建设单位、施工单位顺畅沟通，从而使监理工作能顺利开展。

（三）规范和指导监理工作

由于现场监理工作繁杂、琐碎，因而编制监理实施细则能让项目监理机构在危大工程的不同施工阶段，明确如何开展监理工作及面对风险隐患采取相应措施，从而达到规范和指导监理工作的目的。

二、危大工程监理实施细则编制准备

编制危大工程监理实施细则前，项目监理机构应收集相关资料，熟悉勘察设计文件，督促监测单位报送方案；并根据施工图，校核危大工程清单，审查安全管理措施，识别危大工程；审查专项施工方案；开展研讨、列出架构，组织分工编写。

（一）收集相关资料，熟悉勘察设计文件，督促报送监测方案

项目监理机构应向相关单位收集资料，包括建设单位提供的工程地质、水文和工程周边环境资料、勘察设计文件等，同时应充分了解勘察文件中是否说明地质条件可能造成的工程风险，设计文件中是否注明涉及危大工程的重点部位和环节，提出保障工程周边环境安全和工程施工安全的意见，必要时是否进行专项设计；对于按照规定需要进行第三方监测的危大工程，督促监测单位及时报送监测方案。

（二）校核危大工程清单，审查安全管理措施，识别危大工程

项目监理机构应对危大工程清单进行校核，结合现场实际情况，避免出现遗漏，并审查施工单位相应的安全管理措施是否符合要求，同时确定需要编制的危大工程监理实施细则目录，参见表1。

（三）审查专项施工方案

项目监理机构应检查施工单位是否按《危险性较大的分部分项工程专项施工方案编制指南的通知》（建办质〔2021〕48号）编制专项施工方案，审

编制监理实施细则目录　　表1

分部分项工程名称	子项	应编制监理实施细则名称	备注
（一）基坑工程	1.开挖深度超过3m（含3m）的基坑（槽）的土方开挖、支护、降水工程	基坑工程监理实施细则	基坑开挖和支护需分步进行验收
	2.开挖深度虽未超过3m，但地质条件、周围环境和地下管线复杂，或影响毗邻建、构筑物安全的基坑（槽）的土方开挖、支护、降水工程		
（二）模板工程及支撑体系	1.各类工具式模板工程：包括滑模、爬模、飞模、隧道模等工程	模板工程及支撑体系监理实施细则	搭设前，钢管、扣件、可调托撑须复试合格；搭设过程中进行控制，检查是否严格按照专项方案搭设，便于后续验收
	2.混凝土模板支撑工程：搭设高度5m及以上，或搭设跨度10m及以上，或施工总荷载（荷载效应基本组合的设计值，以下简称设计值）10kN/m^{2}及以上，或集中线荷载（设计值）15kN/m及以上，或高度大于支撑水平投影宽度且相对独立无联系构件的混凝土模板支撑工程		
	3.承重支撑体系：用于钢结构安装等满堂支撑体系		
（三）起重吊装及起重机械安装拆卸工程	1.采用非常规起重设备、方法，且单件起吊重量在10kN及以上的起重吊装工程	起重吊装工程监理实施细则 起重机械安装拆卸工程监理实施细则	安装完后，组织相关人员进行验收，须注意使用过程中的控制
	2.采用起重机械进行安装的工程		
	3.起重机械安装和拆卸工程		
（四）脚手架工程	1.搭设高度24m及以上的落地式钢管脚手架工程（包括采光井、电梯井脚手架）	脚手架工程监理实施细则（结合专项方案选型，确定采用的其中一种或多种脚手架工程）	搭设前，钢管、扣件、可调托撑须复试合格；搭设过程中进行控制，检查是否严格按照专项方案搭设，便于后续验收
	2.附着式升降脚手架工程		
	3.悬挑式脚手架工程		
	4.卸料平台、操作平台工程		
	5.异型脚手架工程		
	6.高处作业吊篮	高处作业吊篮监理实施细则	安装完后，组织相关人员进行验收，须注意使用过程中的控制
（五）拆除工程	可能影响行人、交通、电力设施、通信设施或其他建、构筑物安全的拆除工程	拆除工程监理实施细则	须注意有专家论证
（六）暗挖工程	采用矿山法、盾构法、顶管法施工的隧道、洞室工程	暗挖工程监理实施细则	须注意拆除过程中的控制
（七）其他	1.建筑幕墙安装工程	建筑幕墙安装工程监理实施细则	须注意安装过程中的控制
	2.钢结构、网架和索膜结构安装工程	钢结构、网架和索膜结构安装工程监理实施细则	须注意安装过程中的控制
	3.人工挖孔桩工程	人工挖孔桩工程监理实施细则	须按有限空间作业工程进行管控
	4.水下作业工程	水下作业工程监理实施细则	须注意作业过程中的控制
	5.装配式建筑混凝土预制构件安装工程	装配式建筑混凝土预制构件安装工程监理实施细则	须注意安装过程中的控制
	6.采用新技术、新工艺、新材料、新设备可能影响工程施工安全，尚无国家、行业及地方技术标准的分部分项工程	“四新”工程监理实施细则	须注意有专家论证

查专项施工方案的合理性和可行性，编制依据是否正确，安全生产管理体系及保证措施是否健全，是否符合逐级审批程序，验收是否符合相关要求，应急处置措施是否得当等。

（四）开展研讨，列出架构，分工编制

编制具有针对性和可操作性的监理实施细则是监理单位能力的体现，除总监理工程师组织项目监理机构编制监理实施细则外，对于重要工程项目的危大工程，监理单位要建立公司级危大工程清单，必要时，如遇到复杂及特殊情况，应组织一批经验丰富的专家开展研讨，讨论确定危大工程监理实施细则框架，在充分研讨论证的基础上，由总监理工程师组织专业监理工程师编制监理实施细则。

三、危大工程监理实施细则编制注意事项

通过对《危险性较大的分部分项工程安全管理规定》（住房和城乡建设部令第37号）和《住房城乡建设部办公厅关于实施危险性较大的分部分项工程安全管理规定有关问题的通知》（建办质〔2018〕31号）及相关法律法规、规范性文件、规范标准的学习，笔者认为编制监理实施细则应考虑危大工程属性和施工时间阶段。另外，为加强实施细则编制的针对性和可操作性，需考虑相关风险隐患，并结合专项施工方案与实际情况特点；同时为了体现监理资料的标准化，还应加强行文格式的规范性，且实施细则编制应结合实际需要适时调整，并以“实施监理，细则先行”作为指导思想。

（一）监理实施细则名称

项目监理机构通常应编制几个危大工程监理实施细则呢？笔者认为由于危大工程属性和危险点不同、实施施工的时间阶段不同，不能用一个监理实施细则涵盖七大类危大工程项目，也就是不能用一个监理实施细则涵盖所有危大工程内容。在表1中，笔者列示了一般工程需要编制的危大工程项目，如基坑工程、模板工程及支撑体系、起重吊装工程监理实施细则、起重机械安装拆卸工程监理实施细则、拆除工程、暗挖工程等，可各自按一类细则进行编制；脚手架工程中高处吊篮作业由于施工时间阶段处于工程后期，因此高处吊篮作业应单独编制实施细则，其余的脚手架工程根据工程选型编制相应监理实施细则；其他工程中，由于6项工程属性均不相同，因此也需各自单独编制。

（二）加强实施细则的针对性和可操作性

为加强实施细则的针对性和可操作性，项目监理机构应结合专项施工方案和项目实际情况，除在实施细则中添加对一般情况的共性监理控制措施外，还应根据实际情况添加有针对性的监理控制措施，落实到人，且需在监理工作中不断完善。如一般模板工程及支撑体系与超高模板工程及支撑体系、一般脚手架工程与超高脚手架工程、标准高处吊篮作业与非标准高处吊篮作业等，要充分考虑工程项目具体特点编制。

（三）加强行文格式的规范性

监理单位应制定相应危大工程监理实施细则的标准格式，注意标题及正文大小、字体、行距、全文编号等格式应统一，且用词应严谨、得当，符合规范用语。

（四）适时调整

由于现场监理工作为动态管控过程，当工程发生变化导致原监理实施细则所确定的工作流程、方法和措施需要调整时，项目监理机构应对监理实施细则进行适时调整，并进行必要的修改完善。同时在现场工作中，应注意用监理实施细则规范和指导监理工作。

四、危大工程监理实施细则编制内容

（一）工程特点

危大工程的工程特点主要包括，相应工程概况和特点、周边环境条件、施工平面布置、施工要求、风险辨识与分级、参建各方责任主体单位等。以深基坑工程为例，其工程特点中的工程概况和特点分为工程基本情况（基坑周长、面积、开挖深度、基坑支护设计安全等级、基坑设计使用年限等）、工程地质情况、工程水文地质情况、施工地的气候特征和季节性天气等。除上述项目概况外，还应包括基坑支护、地下水控制及土方开挖设计、主要工程量清单等。

（二）监理工作流程

危大工程监理工作流程主要描述监理工作开展的先后顺序，一般采用流程图的形式进行表达。通常用图框注明主要工作内容，用带箭头的单向线表明工作的逻辑顺序，且整个流程应体现监理工作的事前、事中、事后控制，逻辑合理，便于执行开展，在流程中遇到需进行判定的程序，宜统一使用“合格”“不合格”等词语，若是不合格则要重新进行上述工作，合格后方可允许进行下道工作。以深基坑工程为例，其监理工作流程见图1。

（三）监理工作要点

危大工程监理工作要点应有针对性，首先需明确危大工程相关特点及其

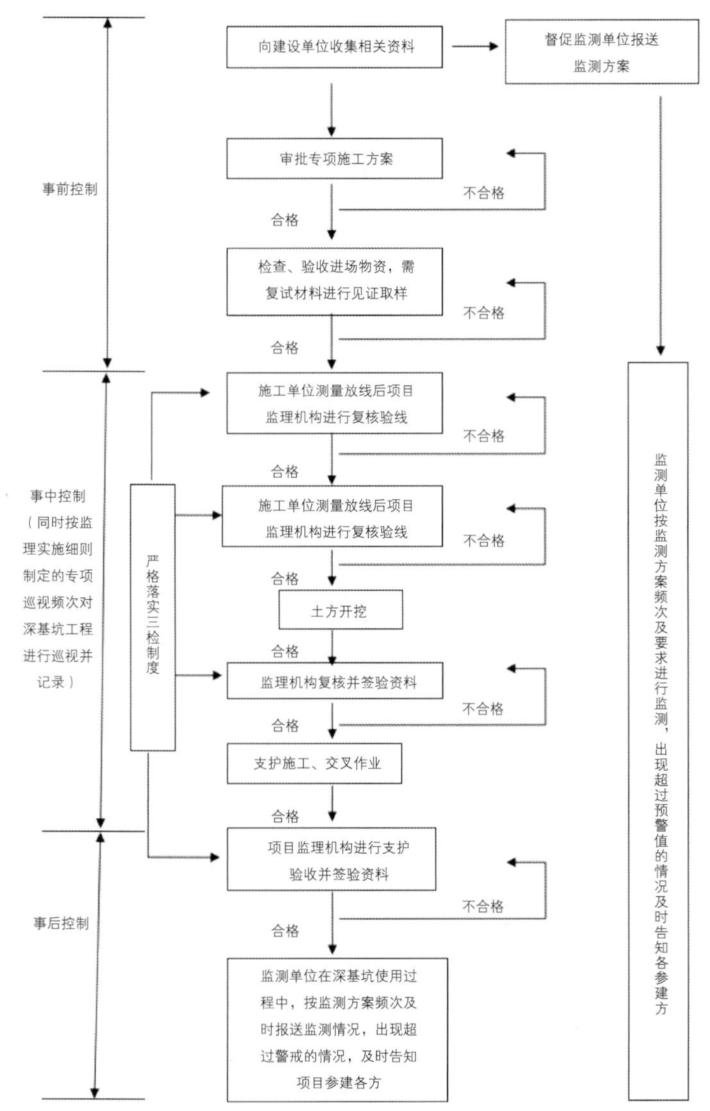

图1　深基坑工程监理工作流程

风险隐患，并结合项目实际情况，从而在监理工作流程中设置相应控制要点。控制原则分为事前、事中及事后控制。在危大工程实施前，进行事前控制，如审查专项施工方案、检查施工单位安全生产管理体系及保证措施等；在危大工程实施过程中，进行事中控制，如检查施工单位是否严格按照专项施工方案组织施工，是否及时组织相关人员参与验收，是否按规定对危大工程进行施工监测，是否进行日常安全巡视检查等；危大工程施工完成后，根据事后控制原则，及时归档危大工程安全管理档案，并将相关资料纳入档案管理。

（四）监理工作方法及措施

危大工程的监理工作方法与措施不能盲目实施，应带有目的性和针对性，需结合监理工作要点进行，采取相关监理方法及措施，进行事前、事中及事后的动态管控，工作方法及措施主要有：

1. 审核、审批制度：项目监理机构对专项施工方案、分包资质进行审核、审批是否符合相关要求。

2. 监理指令：对于危大工程出现的问题情况，项目监理机构可发出相应的指令，风险隐患低的可采用口头通知、工作联系单等指令，风险隐患高的应采用监理通知单、工程暂停令、监理报告等，但上述指令均需闭环处理。

3. 会议制度：在监理例会或专题会议上，项目监理机构可采取事前、事中及事后的控制措施对危大工程进行相应管控，及时让各参建方签到，并出具会议纪要。

4. 见证取样：项目监理机构对危大工程中涉及结构安全的试块、试件及工程材料现场取样、封样、送检工作进行监督。

5. 专项巡视与验收：项目监理机构应按细则编制的巡视频次对危大工程进行专项巡视检查，并做好需验收工程的过程控制。在进行巡视前，总监理工程师应对项目人员进行细则交底，明确要巡视的内容，检查要点等，并及时记录，归档到危大工程安全管理档案；对于按照规定需验收的危大工程，施工单位、监理单位应当组织相关人员进行验收，验收合格的，经施工单位项目技术负责人及总监理工程师签字确认后，方可进入下一道工序。

结语

项目监理机构应重视危大工程监理实施细则的编制，用细则规范和指导开展监理工作，坚持安全第一、预防为主、综合治理的方针，与其他参建各方一同在源头上防范化解重大安全风险隐患。

参考文献

[1] 危险性较大的分部分项工程安全管理规定．中华人民共和国住房和城乡建设部令第 37 号．

[2] 关于实施危险性较大的分部分项工程安全管理规定有关问题的通知（建办质〔2018〕31 号）．中华人民共和国住房和城乡建设部办公厅．

[3] 关于印发危险性较大的分部分项工程专项施工方案编制指南的通知（建办质〔2021〕48 号）．中华人民共和国住房和城乡建设部办公厅．

[4] 建设工程监理规范：GB/T 50319—2013[S]．北京：中国建筑工业出版社，2014．

旋挖成孔灌注桩施工监理控制要点

刘宝骏

北京京龙工程项目管理有限公司

摘　要：旋挖成孔灌注桩是我国近几年才推广使用的一种较先进的桩基施工工艺，广泛应用于公路、铁路、桥梁和大型建筑的基础桩施工。笔者公司监理的石景山中关村商业项目和通明湖信创园项目护坡桩采用的是旋挖桩，本论文结合工作实际，详细讲述了旋挖成孔灌注桩特点、施工工艺流程，并从监理的角度阐述在事前、事中、事后阶段如何进行质量控制，希望借此机会与同行进行交流、互相学习。

关键词：旋挖桩；桩基；灌注桩

一、旋挖成孔灌注桩的内涵、特点

旋挖成孔灌注桩是指由旋挖钻机施工的桩型，工程上简称旋挖桩。旋挖钻机通过底部带有活门的桶式钻头回转破碎岩土，并直接将其装入钻斗内，然后再由钻机提升装置和伸缩钻杆将钻斗提出孔外卸土，这样循环往复，不断地取土、卸土，直至钻至设计深度。

旋挖成孔灌注桩适用于填土、淤泥、淤泥质土、黏性土、粉土、砂土、碎石土、软质岩及硬质岩等岩土层。旋挖钻机成孔根据不同的地层、地下水位埋深情况，在施工中又有干作业旋挖成孔、湿作业旋挖成孔、套筒护壁旋挖成孔等不同的施工工法。对黏结性好的岩土层，可采用干式或清水钻进工艺，无须泥浆护壁。而对于松散易坍塌地层，或有地下水分布，孔壁不稳定，必须采用静态泥浆护壁钻进工艺，向孔内投入护壁泥浆或稳定液进行护壁。

采用旋挖钻机进行灌注桩施工，具有钻孔速度快、工效高、成孔质量好、泥浆用量少、工人人数要求不高、节省人工费等优点。旋挖钻机成孔时不需要泥浆循环护壁，它只需要泥浆静压护壁，泥浆主要作用是平衡孔壁内外的水压力差值，并且泥浆可重复利用，大大降低了泥浆的使用量。旋挖钻机成孔噪声低、污染低，有利于环境保护。

二、旋挖成孔灌注桩工艺流程

1. 测量放线、定位

用全站仪放出桩中心位置，钉上木桩，以桩心为圆心拉线画圆撒白灰，钻机就位（钻机中心对准桩孔中心）钻进；桩位放线允许偏差：群桩 20mm，单排桩 10mm。

2. 埋设护筒

1）护筒选用厚度不小于 10mm 的钢板制作。

2）护筒内径宜大于钻头直径 100~300mm，钢护筒的直径误差应小于 10mm。

3）护筒上部宜开设 1~2 个溢浆孔。

4）护筒顶端应高出地面不小于 300mm，钻孔内有承压水时，护筒顶端应高于承压水位。

5）护筒的埋设深度应根据地质条件和地下水位等情况确定，且不宜小于 1.5m。

6）护筒埋设时，应确保钢护筒定位准确，护筒的中心与桩位中心偏差不得大于 50mm，护筒倾斜度不得大于

1%。护筒就位后，应在四周对称、均匀地回填黏土，并分层夯实，夯填时应防止护筒偏斜移位。

3. 钻机就位

钻机自带水平调节装置，以调整钻杆的垂直度。

4. 泥浆制备

泥浆制备应选用高塑性黏土，泥浆性能：孔底500mm以内的泥浆相对密度应小于1.25，含砂率不得大于8%，黏度不得大于28s。施工中要经常测定泥浆性能，保证护壁效果。

5. 钻孔

钻孔时应先在孔内灌注泥浆，泥浆比重等指标根据土层情况而定，桩的钻进需连续作业，并做好详细的钻孔记录。

6. 终孔

钻机钻至设计深度时，监理工程师进行成孔检验，检验孔位、孔深、孔径、成孔倾斜度等情况，并填写终孔记录。

7. 清孔

采用换浆法和掏渣法清孔，使泥浆比重及沉淀层厚度均达到设计及规范要求。

8. 钢筋笼制作及安装

钢筋进场必须进行质量证明文件审查、观感质量检查以及现场见证取样。钢筋复试合格后方可在工程中使用。钢筋笼主筋接头应错开，同一截面接头不超过50%。

钢筋笼安装：钢筋笼吊装过程中要防止变形，钢筋笼入孔后应牢固定位，顶端要焊吊挂筋，高出钢护筒，钢筋笼就位后吊挂筋支承在护筒的枕木上，不能直接放在护筒上，提升导管时必须防止钢筋笼拔起。

9. 下导管

1）导管的选择

（1）外观检查：检查导管有无变形、坑凹、弯曲，以及有无破损或裂缝等，并应检查其内壁是否平滑，对于新导管应检查其内壁是否光滑及有无焊渣，对于旧导管应检查其内壁是否有混凝土黏附固结。

（2）对接检查：导管接头丝扣应保持良好。连接后应平直，同心度要好。

经以上检验合格后方可投入使用，对于不合格导管严禁使用。导管长度应根据孔深进行配备，满足清孔及水下混凝土浇筑的需要，即清孔时能下至孔底；水下浇筑时，导管底端距孔底0.5m左右，混凝土应能顺利从导管内灌至孔底。

2）导管下放

导管在孔口连接处应牢固，设置密封圈，吊放时，应使位置居中，轴线顺直，稳定沉放，避免卡挂钢筋笼和刮撞孔壁。

10. 混凝土浇筑

1）开始灌注混凝土时，导管底部至孔底的距离宜为300~500mm。

2）应有足够的混凝土储备量，导管一次埋入混凝土灌注面以下不应少于0.8m。

3）导管埋入混凝土深度宜为2~6m。严禁将导管提出混凝土灌注面，并应控制提拔导管速度，应有专人测量导管埋深及管内外混凝土灌注面的高差，填写水下混凝土灌注记录。

三、监理质量控制依据

1. 经审查合格的旋挖桩施工有关勘察、设计文件。

2. 经审批的施工组织设计和旋挖桩施工方案。

3. 旋挖桩施工相关工程建设标准规范。

4. 施工承包合同协议。

5. 其他国家、地方相关规范、技术标准以及相关工程文件（表1）。

相关工程文件表　　表1

建筑地基基础设计规范	GB 50007—2011
混凝土结构工程施工质量验收规范	GB 50204—2015
建筑地基基础工程施工质量验收标准	GB 50202—2018
建筑工程施工质量验收统一标准	GB 50300—2013
建筑基桩检测技术规范	JGJ 106—2014
建筑桩基技术规范	JGJ 94—2008
钢筋焊接及验收规程	JGJ 18—2012
钢筋机械连接技术规程	JGJ 107—2016

四、施工前监理控制要点

1. 施工及管理人员资质审查

1）检查施工单位质量保证体系、管理体系，现场管理人员是否到位，管理人员资质是否满足工程需要。

2）检查特殊工种，如电焊工、电工、机械操作工是否持证上岗。

2. 原材料质量控制

现场所用的钢筋、混凝土、焊条等原材料，监理应严格执行物资报验程序，对进场的原材料进行质量证明文件审查、观感质量检查以及现场见证取样，所有进场的材料一定要做到“先检后用”，从材料“源头”把控工程质量。

3. 施工机械、设备审查

1）现场所用的测量仪器，如全站仪、水准仪、钢卷尺等需有权威机构出具的校定合格证明。

2）现场施工所用钻机、电焊机等机械设备须有出厂合格证。

3）量测钻头直径是否符合要求。

4. 施工方案审查

旋挖成孔灌注桩施工前应督促施工单

位编制审批施工方案，做到方案先行。按规定需要组织专家论证的，监理应严格要求施工单位履行专家论证程序，并在施工过程中要求施工单位严格按专家论证通过的方案进行施工。监理应结合勘察设计文件要求和项目实际情况审核施工方案。

5. 技术交底检查

施工方案通过监理审查后，在正式施工前，监理应督促施工单位进行三级技术交底，即项目技术负责人、管理人员、作业班组、工人之间层层进行技术交底，确保基层的操作工人能掌握施工要点以及施工注意事项。

6. 旋挖成孔灌注桩施工前应具备的资料

1）建筑场地岩土工程勘察报告。

2）桩基工程施工图及图纸会审纪要。

3）建筑场地和邻近区域内的地下管线、地下构筑物、危房等调查资料。

4）主要施工机械及其配套设备的技术性能资料。

5）桩基工程的施工组织设计。

6）水泥、砂、石、钢筋、焊条等原材料及其制品的质检报告。

7）有关荷载、施工工艺的试验参考资料。

五、施工中监理控制要点

旋挖桩施工中监理应对成孔、钢筋笼制作与安装、水下混凝土灌注等各项指标进行检查验收。主控项目有孔深、嵌岩深度等。一般项目有成孔垂直度、孔径、桩位、泥浆指标、钢筋笼质量、沉渣厚度等。

1. 测量放线监理控制要点

1）复核现场水准控制点和定位基点，水准点应加以保护，并经常复测其准确性，以保证测量精度。

2）复测桩位、轴线。桩基工程施工前应对施工单位放好的轴线和桩位进行复核。群桩桩位的放样允许偏差为20mm，单排桩桩位的放样允许偏差为10mm。

3）检查护筒中心与桩位中心线是否一致，偏差不得大于50mm。

2. 旋挖钻机成孔过程监理控制要点

1）旋挖前监理应核对桩号、设计桩径、桩长。

2）旋挖钻机成孔应采用跳挖方式，钻斗倒出的渣土距桩孔口的最小距离应大于6m，并应及时处理。

3）旋挖钻机施工时，应保证机械稳定、安全作业，必要时可在场地铺设能保证其安全行走和操作的钢板或垫层（路基板）。

4）钻进过程中密切观察护筒是否移位，钻杆是否倾斜，一旦发现问题监理应及时进行纠正。

5）桩径、垂直度及桩位允许偏差如表2。

6）泥浆护壁、清孔检查要点

泥浆制备应选用高塑性黏土或膨润土，泥浆比重允许偏差为1.10~1.25，含砂率≤8%，黏度允许偏差为18~28Pa·s。在施工过程中护筒内泥浆面应高出地下水位1m以上。

清孔时应注意保持护筒内泥浆面的高度，保持回流入孔内的泥浆量与气举排除孔外的泥浆量平衡一致。在清孔的过程中，应不断置换泥浆，直至灌注水下混凝土；废弃的浆、渣应进行处理，不得污染环境。

7）沉渣厚度检查要点

钻孔达到设计深度，灌注混凝土之前，监理应检查孔底沉渣厚度，检查方法：用沉渣仪或重锤测。对端承型桩，不应大于50mm；对摩擦型桩，不应大于100mm；对抗拔、抗水平力桩，不应大于200mm。

3. 钢筋笼制作、安装监理控制要点

1）钢筋笼材质、尺寸应符合设计要求，制作允许偏差如表3。

2）钢筋焊接、接头连接应按《钢筋焊接及验收规程》JGJ 18—2012和《钢筋机械连接技术规程》JGJ 107—2016相关条文进行检查。

3）钢筋笼同一截面主筋焊接接头数量不得大于50%；双面搭接焊缝长度不得小于5倍钢筋直径，单面搭接焊缝长度不得小于10倍钢筋直径。支护桩纵向

钢筋制作允许偏差表　表3

项目	允许偏差（mm）
主筋间距	±10
箍筋间距	±20
钢筋笼直径	±10
钢筋笼长度	±100

桩径、垂直度及桩位允许偏差表　表2

序号	成孔方法		桩径允许偏差（mm）	垂直度允许偏差	桩位允许偏差（mm）
1	泥浆护壁钻孔桩	D<1000mm	≥0	≤1/100	≤70+0.01H
		D≥1000mm			≤100+0.01H
2	套管成孔灌注桩	D<500mm	≥0	≤1/100	≤70+0.01H
		D≥500mm			≤100+0.01H
3	干成孔灌注桩		≥0	≤1/100	≤70+0.01H

注：1. H为桩基施工面至设计桩顶的距离（mm）。
2. D为设计桩径（mm）。

受力钢筋的接头不宜设置在内力较大处。

4）钢筋笼主筋宜设置保护层隔件，每组保护层间隔件竖向间距不应大于3m，且宜对称设置，每组不宜小于4块。

5）加劲箍筋宜设在主筋外侧，如果施工工艺有特殊要求时也可置于内侧。

6）导管接头处外径应比钢筋笼的内径小100mm以上。

7）搬运和吊装钢筋笼时，应防止变形，安放应对准孔位，避免碰撞孔壁和自由落下，就位后应立即固定。

4. 水下混凝土浇筑监理控制要点

钢筋笼吊装完成后，应进行二次清孔，并对桩径、桩位、垂直度、孔深等进行检验，合格后进行水下混凝土浇筑。

1）预拌混凝土进场前，监理应核查混凝土开盘鉴定、混凝土配合比、混凝土标号、运输小票等资料，混凝土含砂率、粗骨料粒径、外加剂等应符合规范要求。

2）混凝土要具有良好的和易性，坍落度检测允许偏差为180~220mm，监理应进行抽样检测。

3）开始浇筑混凝土时，导管底部至孔底的距离宜为300~500mm；导管一次埋入混凝土灌注面以下不应少于0.8m；导管埋入混凝土深度宜为2~6m，严禁将导管提出混凝土灌注面，在浇筑过程中要严格控制提拔导管速度。

4）检查每根桩混凝土的实际灌注量，充盈系数要求不应小于1.0。

5）混凝土浇筑过程施工单位应按规范要求留置混凝土试块，监理应对混凝土试块进行见证取样。来自同一搅拌站的混凝土，每浇筑50m^{3}必须至少留置1组试件；当混凝土浇筑量不足50m^{3}时，每连续浇筑12h必须至少留置1组试件。对单柱单桩，每根桩应至少留置1组试件。

六、施工后监理控制要点

旋挖桩施工完成后应进行桩身完整性检测，作为工程桩使用时，还应进行单桩承载力检测。桩身混凝土强度、桩身完整性、单桩承载力是监理质量控制的主控项目。

1. 桩身混凝土强度不应小于设计值，检查方法：28d标养试块强度或钻芯法。

2. 工程桩的桩身完整性的抽检数量不应少于总桩数的20%，且不应少于10根。每根柱子承台下的桩抽检数量不应少于1根。检查方法：钻芯法、低应变法、声波透射法。

3. 桩的承载力检测。设计等级为甲级或地质条件复杂时，应采用静载试验的方法对桩基承载力进行检验，检验桩数不应少于总桩数的1%且不应少于3根，当总桩数少于50根时，不应少于2根。在有经验和对比资料的地区，设计等级为乙级、丙级的桩基可采用高应变法对桩基进行竖向抗压承载力检测，检测数量不应少于总桩数的5%，且不应少于10根。

结语

监理工程师在工作中，不仅要清楚旋挖桩的施工工艺，而且要熟练掌握每一道工序监理控制要点，明确施工前、施工中、施工后监理的工作内容，在工作过程中运用PDCA循环、质量控制原理，系统地进行管理，确保合同目标顺利实现。

参考文献

[1] 建筑地基基础设计规范：GB 50007—2011[S]. 北京：中国计划出版社，2012.
[2] 混凝土结构工程施工质量验收规范：GB 50204—2015[S]. 北京：中国建筑工业出版社，2015.
[3] 建筑地基基础工程施工质量验收规范：GB 50202—2018[S]. 北京：中国计划出版社，2018.
[4] 建筑基桩检测技术规范：JGJ 106—2014[S]. 北京：中国建筑工业出版社，2014.
[5] 建筑桩基技术规范：JGJ 94—2008[S]. 北京：中国建筑工业出版社，2008.
[6] 钢筋焊接及验收规程：JGJ 18—2012[S]. 北京：中国建筑工业出版社，2012.
[7] 钢筋机械连接技术规程：JGJ 107—2016[S]. 北京：中国建筑工业出版社，2016.

钢结构异形曲屋面石材幕墙的监理控制

黄伟良

九江市建设监理有限公司

前言

钢结构异形曲屋面石材幕墙工程，是一种主体骨架采用钢结构骨架，屋面采用石材干挂的幕墙结构，整体屋面及墙面结构为异形曲面结构，该设计的主要优点在于整体造型优美、大气，具有流体曲面线型的美。其中曲面是建筑构成的元素之一，是建筑形式和空间创造的一种手段，优秀的曲面建筑是向自然的致敬，模仿自然，满足人钟情自然的本质，从自然中提炼建筑语言，满足人在使用中的实际要求。有些曲面建筑甚至在模仿人类本身，因为人也是自然中的一部分。曲面在自然界是造物主随性而为，而在人类世界中的曲面建筑却是人花费大量精力去建造、去模仿的。

一、工程概况

吴城国际候鸟保护中心位于江西永修吴城古镇入口处，东临永吴公路，西临大湖池，工程总建筑面积约为22750.92m^2，其中地上建筑面积18488.97m^2，地下建筑面积4261.945m^2，工程建筑周长为489m，建筑形态近似等腰三角形，底边长度180m左右，两侧腰长150m。建筑高度为18.9m；地下局部一层，含停车库和设备用房，地上两层，内部空间由会议区、展览区两大功能板块组成。结构使用年限为50年，建筑防火类别为多层重要公共建筑，耐火等级为二级。

其建筑形态模型是根据吴城鄱阳湖水域最常见的候鸟——白鹤为原型构造设计的。鹤在中华民族传统文化中一贯象征着真、善、美，有着强烈的美学和道德意义。其中国际候鸟保护中心正面以白鹤双翅腾飞为模型进行设计，白色的羽毛设计采用洁白的蜂窝石材幕墙+钢结构骨架，其曲面结构幕墙蜂窝石材+钢结构骨架设计给施工带来极大的难度，也给工程人带来了重大的挑战。

二、钢结构异形曲屋面石材幕墙的重点、难点

（一）工期紧、任务重

本项目工期约一年半的时间，而钢结构异形曲屋面石材幕墙分项工期只有短短的4个月，在如此短的时间内，如何保质保量完成钢结构异形曲屋面石材幕墙的施工成为一场攻坚战。

（二）钢结构的焊接工艺及钢结构控制定位

钢结构为羽毛底下的骨架，同时也是登录厅墙面及屋面的骨架，其焊缝均为一级焊缝，焊接接口多，均为高空作业焊接，对钢结构焊接工艺要求极高，同时白鹤翅膀为异形曲面，钢结构的空中定位要求非常精确，否则后期羽毛蜂窝石材无法安装，因此，钢结构的工程质量控制成为一大难点。

（三）异形曲面石材的制作及安装

因白鹤翅膀为异形曲面，其羽毛——蜂窝石材均为异形曲面，其加工制作与安装要求极高，尺寸、安装出现半厘米的误差，就会导致无法安装排版，或者即使安装完成后，曲面线型也不流畅，影响整体美观。

（四）曲屋面的防水层质量控制

屋面防水层采用防水铝板+聚氯乙烯（PVC）防水卷材的施工工艺，此结构防水铝板于钢结构骨架上施工，面积大，防水要求高，同时PVC防水卷材为热熔焊接卷材，焊接要求极高，且后期蜂窝石材幕墙干挂施工在PVC防水上层，干挂石材固定螺钉必须穿透防水铝板及PVC防水，因此，如何确保屋面不漏水，成为最大的难点。

（五）高空作业的安全控制

钢结构焊接、防水铝板的施工，均

为高空作业，平均高度 12m 以上，最高处达 16m，安全作业显得尤为重要。

三、重难点问题的监理过程控制

（一）开工前的监理控制

1. 新开工项目评审，在项目开工前，总监组织成立项目监理部人员，充分熟悉设计图纸，了解设计意图，对新项目进行开工评审，评审的主要内容有工程存在的重难点，然后根据项目的重难点，合理选派专业监理工程师，进行专业管理，同时向公司申请专业技术指导，特别是针对钢结构异形曲面幕墙，特向公司申请调配钢结构专业监理工程师、防水专业工程师、幕墙专业监理工程师、安全监理工程师等 4 名专业监理工程师进行现场管理。

2. 开工前，严格审核总包单位及专业分包单位的人员资质，严禁转包及违法分包，重点审核人员的资质，要求所有特种人员持证上岗，特别是特种作业人员，钢结构异形曲面幕墙主要特种人员有电焊工、架子工。

3. 开工前，针对钢结构异形曲面幕墙，要求施工单位严格按照相关规范要求编制钢结构施工专项施工方案、石材幕墙施工专项施工方案、登录厅屋面防水专项施工方案、高空作业安全专项施工方案、满堂脚手架搭设专项施工方案、临时用电专项施工方案等，同时要求施工单位严格按照《危险性较大的分部分项工程安全管理规定》上报相应的应急救援预案，项目监理部根据相关的规范及专项施工方案，编制监理实施细则、旁站方案、材料见证取样方案等。

4. 开工前，要求施工单位针对钢结构异形曲面幕墙工程建立质量、安全管理体系，成立质量、安全小组，将责任落实到具体人员，监理部根据施工单位的质量管理体系，按照现场专业进行监理部人员分工，同时，在开工前，对项目监理部现场管理人员进行方案、细则交底，明确钢结构焊接、曲面石材幕墙、屋面防水、高处作业等重点、难点作业的重点管控部位及管控方法，检查总包及分包单位方案交底、安全技术交底等落实情况。

5. 项目监理部根据现场工程进展情况，制定相应的材料、设备报验制度，对相关的材料制定二次送检制度及见证取样制度，严禁不合格的材料及设备用于施工现场。

6. 建立相关的会议制度、检查制度、工序报验制度等，如周例会、安全专题会议、质量专题会议；材料进场检查制度，每天、周、月的质量、安全检查制度等。

（二）施工过程中监理控制

1. 针对工期紧、任务重的监理控制措施

要求根据总进度计划编制钢结构异形曲面幕墙工程的专项施工进度计划，专项进度计划包括材料进场计划及现场施工进度计划，现场施工进度计划必须详细具体，具体到每一天有多少道工序施工、分几个作业队、每个作业队多少人、配备多少机械设备、每天需要完成的工程量；现场监理人员根据详细进度计划，核实现场应该作业工序是否都组织施工，现场的作业队伍、作业人数、机械设备是否与进度计划一致，每天是否按照进度计划完成相应的工程量，材料是否按照进度计划进场，专业监理工程师每天下午 5 点召开简短的专题进度例会，针对未完成的部位，要求施工单位第二天增加作业人数及机械设备，及时弥补滞后的进度。与进度计划对比滞后 3 天，由总监理工程师代表组织施工单位召开专题进度会议，要求施工单位制定赶工措施；与进度计划对比滞后 5 天及以上的，由总监理工程师组织建设单位、施工单位召开专题进度会议，要求施工单位制定赶工措施，并按照合同要求进行罚款；针对滞后超过 10 天的，给施工单位公司发函，要求施工单位公司分管领导驻场解决问题，并按照合同要求进行处罚；通过一系列的控制措施，确保钢结构异形曲面幕墙工程如期完工。

2. 针对钢结构的焊接工艺及钢结构控制定位监理控制措施

1）人员控制

项目监理部按照要求配置钢结构专业监理工程师 1 名，监理员 2 名，检查施工单位是否按照质量控制体系配备相应的质量技术管理人员，检查施工单位人员在岗情况。检查施工单位是否对钢结构焊接工人进行岗前培训教育，焊接工人是否持证上岗。

2）材料进场监理控制

现场专业监理工程师进行原材料进场验收，要求施工单位提供钢材的“三证”（即产品合格证、质量保证书、出厂检测报告），并对原材的外观、尺寸进行现场测量，并要求施工单位进行原材料二次送检，针对不合格原材料要求施工单位退场处理。

3）焊接工艺监理控制

本工程钢结构主体骨架为圆形无缝钢管，主干管直径为 400mm，支钢管直径大小不一，最小 100mm，最大 300mm，钢管壁厚 10mm，整个登录厅部位均为钢结构骨架，因此本工程钢结构焊接控制难点在于主钢管直径大、大小钢管的连接、焊接部位多、均为高空焊接等，给施工带来了极大的难度。

为克服上述困难，总监理工程师组织建设、施工单位召开专业焊接技术讨论会，要求钢管焊接前，各种部位的连接在地面上进行试多组焊接作业，对试焊接作业，组织建设、监理、施工单位相关管理人员及焊接作业工人进行全过程观摩学习，试焊接完成后，对试焊接构件进行外观检查，并通知检测单位进行一级焊缝检测，由焊接合格的作业工人分享焊接经验及焊接过程中应注意的事项，并划分样品存放区，将合格的钢结构焊接构件存放在样品区并注明注意事项，作为后续焊接的要求。

为避免无缝钢管现场切割，要求施工单位严格按照设计图纸进行下料，在钢结构生产厂家进行试拼装，拼装完成后，对每一根钢管进行编号，现场专业监理工程师验收时，按照编号逐一进行验收。

在钢结构焊接过程中，由监理员对焊接全过程进行旁站，焊接外观及焊接工序严格按照试焊接工艺进行控制，每焊接完一道焊缝由施工单位报验，专业监理工程组组织相关人员进行验收，每3天验收完成焊接部位，由专业检测单位进行一级焊缝的无损探伤检测，焊接不合格的部位及时要求整改，直至合格为止。焊接合格的部位，要求施工单位及时进行防腐处理。

4）钢结构控制定位的控制

本工程登录厅为异形曲面结构，钢结构骨架空中定位显得尤为重要，一旦钢结构空中定位出现问题，后续登录厅的曲面幕墙蜂窝石材无法安装，为克服这一困难，总监理工程师组织的钢结构专业技术讨论会要求施工单位采用BIM技术进行3D建模，将整个登录厅钢结构空中定位的控制点坐标计算出来，报由专业监理工程师进行审核，施工过程中，所有钢结构在未定位完成前，均进行临时焊接，由施工单位专业技术人员采用全站仪进行自检，自检合格后，专业监理工程师对所有自检合格的部位，按照审核完成的控制点坐标进行复核，合格后，才允许进行正式焊接。为避免过程中操作失误，导致钢结构空中定位不准确，造成后续无法更改，要求施工单位采用专业仪器，每周对已完成的钢结构部位进行3D扫描，反复复核钢结构骨架是否准确，一旦出现偏差，现场及时调整。

5）钢结构焊接的验收控制

在钢结构焊接工艺完成后，严格按照验收要求，由专业监理工程师严格把关，对焊接部位进行验收，验收分为外观验收和无损探伤检测验收，外观验收参照设计图纸、专业规范及“样品”标准，无损探伤验收标准以检测单位提供的检测合格报告为准，待验收合格后，才允许做防腐处理。

3. 针对异形曲面石材的制作及安装监理控制

异形曲面石材的制作及安装监理控制难点在于怎样保证艺术曲面线形达到设计效果。为保证达到白鹤翅膀展翅高飞的效果，幕墙表面石材部位为白鹤翅膀羽毛，因此幕墙石材表面为曲面效果，但常规的石材一般为长方形或正方形，而本项目幕墙石材加工为异形曲面，异形曲面石材加工时，尺寸要求异常精确，稍微有偏差会导致石材无法安装，或者即使安装完成，表面线形衔接部位不流畅，甚至没有曲线线形；同时，如果某一块石材存在问题（运输破损、加工尺寸错误等原因），导致返工，该块石材必须由厂家重新生产，会耽误大量的工作时间，因此，异形曲面石材的制作及安装成为监理控制的一大难点。

蜂窝石材施工前，针对其颜色，监理采用样板先行制度，由总监理工程师组织建设单位、施工单位开专题会议，会议要求施工单位采用幕墙石材，按照羽毛构造，做一片“羽毛”的样板，在“样板”的施工过程中，邀请设计单位全过程参与，给出指导意见，直到达到设计效果。

施工前，为保证幕墙石材曲面效果，总监理工程师组织建设单位、总包单位、幕墙分包单位、深化设计单位召开专题技术讨论会，要求施工单位采用BIM技术进行3D建模，对已完成的钢结构骨架进行现场扫描，并由监理单位、深化设计单位、总包单位、专业分包单位共同复核验收，确保3D模型的准确性。将3D模型中的每一块幕墙蜂窝石材进行编号，要求厂家按照复核验收后的3D模型进行生产。为保证每一块蜂窝石材尺寸及效果，由监理单位派1名专业监理人员，总包单位选派1名专业技术人员进行驻场监造，每一区域生产完成后，必须在厂家进行试拼装，由驻场监理人员及总包技术人员严格按照设计、规范、样板的要求进行验收，并将试拼装效果报专业工作群，让设计单位及相关领导进行确认。确认后，进行编号进场。

材料进场后，由专业监理工程师组织相关人员，按照设计、规范、样板等要求进行进场验收，再一次确保原材料符合要求，如发现运输过程中存在损坏问题，及时通知生产厂家重新生产。

为保证幕墙石材的安装效果，项目监理部由总监理工程师组织对专业监理工程师及监理人员做技术交底，强调重点关注部位，每项工序的执行程序。邀请设计单位组织专业技术交底，提出相关技术指导意见。在施工过程中，要求设计单位驻场，由专业监理工程师组织现场设计人员、总包单位专业技术人员、专业分包单位技术人员对安装过程中的每一道工序及安装效果进行验收，通过层层把关控制，最终达到了设计效果。

4. 曲屋面的防水层质量监理控制

曲屋面防水层质量控制原本只需按照相关设计及规范进行层层把关，对原材料、热熔焊接进行控制，基本可以确保工程施工质量，不需要作为重点、难点控制，但因幕墙蜂窝石材干挂固定螺钉必须穿透防水铝板 + 聚氯乙烯（PVC）防水卷材，固定于钢结构镀锌方钢龙骨上，穿透的固定螺钉多、面积广，遍布了整个防水层，因此，如何确保防水层不漏水成为钢结构异形曲面幕墙工程重大难点之一。

在前期的施工准备过程中，设计单位提出在每根固定螺丝周围涂满防水结构胶，虽然能保证不漏水，但在实际操作中，发现穿透防水层的螺钉位置需要提前施工完成，给施工带来了极大的困扰；施工单位提出，在幕墙蜂窝石材表面再施工一层防水，但石材表面施工困难，而且不美观；最后，在技术探讨会议过程中，由专业监理工程师提出采用橡胶止水 + 蜂窝石材幕墙填缝双层保险的方法，得到了一致认可；其原理来源于橡胶止水的方法，平时生活中，我们知道轮胎被扎了钉子，钉子未取出来，轮胎还能保证车辆正常行驶很久，同样的原理，在已验收完成的防水层表面，穿透螺钉固定前，在穿透部位垫上一块 5mm 厚，10cm 的正方形橡胶，在橡胶与防水层中间，填满密封防水结构胶，在施工过程中，可以将固定螺钉穿透橡胶垫及防水层而不漏水，同时将幕墙蜂窝石材之间的缝隙采用防水结构胶进行填缝密封处理。通过双层防护措施，在屋面淋水试验过程中未发现有任何渗漏现象，在后续使用过程中，经过一个雨季观察，均未发现有任何漏水现象。

5. 高空作业的安全监理控制

钢结构焊接、防水铝板的施工均为高空作业，如何确保高空作业的人员安全成为施工较大难点之一。为确保高空作业安全，在工程开始施工前，总监理工程师否定施工单位提交的简易脚手架施工方案，要求施工单位必须搭设满堂脚手架，顶层脚手板必须满铺，不得漏铺。施工单位按照总监理工程师的要求重新编制专项施工方案，施工中采用盘扣式脚手架，顶层采用硬质木板满铺，并按照规范要求，做好临边防护，使钢结构焊接、防水铝板等高空作业变成“地面”作业，从根源上消除了高空安全隐患，且在施工过程中，安全专业监理工程师严格按照专项施工方案组织验收，对现场监理员做好安全交底，同时监督施工单位对作业工人进行安全交底及安全教育，要求现场监理员及施工单位安全员每天对脚手架进行巡查，发现有损坏或变形的脚手板、脚手架、安全网等安全隐患，及时要求施工单位整改，最终，在工程建设过程中，未发生任何安全事故，确保工程施工安全。

（三）工序完工后的监理控制

工程施工前，在总监理工程师的组织下，所有监理人员熟悉施工图纸，并根据工程需要购买相关专业技术规范，如钢结构、幕墙、防水、安全等技术规范，在每道工序完工后，由专业监理工程师、现场监理员严格按照设计图纸及规范要求进行验收，对达不到要求的，必须返工整改至符合要求为止。对已完成的分项分部工程进行验收时，所有主控项目必须全部合格，质量控制资料必须齐全，当实体质量发生缺陷时，特别是钢结构焊接、防水热熔焊接的施工质量，能返工重做就返工重做，不留隐患，实在不能返工重做的，要求施工单位提交经设计单位认可的处理方法或专项修补方案，报监理审核同意后，严格按照方案处理。

结语

对于钢结构异形曲屋面石材幕墙工程的控制，存在很多重点、难点，在每项工序施工前、中、后，项目监理部必须予以高度重视，做好充分的准备工作，施工前项目监理部进行开工评审、风险评估、编制监理规划、监理细则、熟悉图纸及规范、专项技术交底等措施，做到预防为主，严控风险。施工过程中，严格按照设计图纸、规范、合同、相关行业标准、监理细则及相关专业方案，每项工序层层把关控制，关键节点进行旁站、见证等程序，出现问题，及时要求施工单位整改。施工完成后，严格按照设计、规范及合同要求进行验收，确保工程质量。同时，在施工过程中，积极与设计沟通，提出合理化建议，严把方案关，以“守法、诚信、公正、科学”的行为准则做事，以“感恩继承、创新求变、奋发有为、和谐发展”的公司理念进行管理，做好监理工作，努力得到社会的认可。

特长隧道机电工程监理管控的实践与思考

石江余　刘铚
重庆赛迪工程咨询有限公司

摘　要：在特长隧道工程施工过程中，机电工程施工是监理管控的重点问题也是难点问题，本文结合工程实例，分析特长隧道机电工程的重难点，并从监理的角度，就特长隧道机电工程施工监理管控要点进行探讨，对指导特长隧道机电工程施工监理有指导意义。

关键词：特长隧道；机电工程；监理管控

引言

隧道具有能克服高程和地形障碍、改善总体线形、缩短行车里程等诸多优势，随着经济的不断发展，隧道作为重要的交通枢纽，在运输方面的发展已是必然趋势。隧道机电工程作为应运而生的一门新学科，肩负着在满足日常运行的基础上，切实做好防灾减灾的重要任务。特长隧道的机电施工是一个复杂的工程，并且对施工质量要求很高，对运营过程中的安全可靠性要求也非常高。因此，特长隧道机电工程施工质量管控也是监理工作的重点。

一、工程概况

本项目作为浦里工业园区交通道路系统中的一块，主要服务于浦里工业园区发展，通过本项目连接，将万州—浦里工业园区—开县串成一个整体，推动万州开县一体化发展。线路起点位于开县浦里工业园区，终点万州城区。本项目线路总长11.59km，其中铁峰山隧道长9228m、尹家湾隧道长135m。万开周家坝—浦里快速通道工程铁峰山隧道、尹家湾隧道机电工程包括隧道通风、照明、消防、供配电、监控等系统及全线路的交安设施。

二、本项目机电安装难点及措施

（一）机电安装工程复杂，深化设计难度大

由于本项目是特长隧道，也是中国目前最长的市政隧道，沿隧道两侧电缆沟和二衬环向预留分布有强电、弱电等管线。工程管线种类多、各专业管线相互交叉，按图纸施工困难，容易造成管线布置冲突，专业管道安装必须结合起来进行综合排布及二次设计，工程量大。应对措施如下：

1. 充分利用BIM技术解决此类难题。项目工程进度，工程变更，施工质量、成本直接与机电安装图纸质量有密切的关系，BIM技术在此阶段的运用十分重要。

2. 图纸优化协同

搜集项目参与方相关信息数据创建BIM模型，采用BIM技术对管道密集区域进行综合排布设计，虚拟各种施工条件下的管线布设、预制连接件吊装的模拟，提前发现施工现场存在的碰撞和冲突，尽早发现施工过程中可能存在的碰撞和冲突，及时把问题和BIM修改建议反馈给甲方和设计单位，设计根据这些问题进行方案优化，更新各个专业的设计图纸；BIM软件平台再根据更新过的图纸信息数据在统一平台上进行协同作业，信息数据完全共享使得各个环节沟通更加流畅，加快了各专业人员对图纸问题的解决效率，图纸质量得到保证，解决了施工前期的不协调问题。

3. 施工指导

在安装管线密集区域和机房，结合BIM技术的可视化对施工管理人员及施工人员进行施工过程与方法模拟现场三维交底，利用三维机电立体模型效果结合平面图、剖面图协调施工人员直观、形象地了解建筑空间结构，使安装管线一目了然，轻松施工，现场施工不再仅仅依靠平面图纸。提高了认知度，避免因理解不当而造成的返工现象，加快了施工速度，提高了现场工作效率。如遇到碰撞问题BIM模型可根据现场实际情况反馈到BIM模型中，结合各个专业的工程师及时找出合理的解决办法进行施工。

（二）大型设备运输吊装难度大

本项目是特长隧道，用电负荷大，变配电、风机设备及管外形尺寸大、重量重；因此，运输吊装造成较大困难，应对措施如下：

1. 成立以技术负责人为组长的大型设备吊装保障小组，负责大型设备吊装运输工作。

2. 制定详细的吊装运输方案，在项目部统一协调下进行吊装，并保障运输通道畅通。

3. 协调各机电分包及设备吊装、场内运输，做到井然有序。

4. 根据设备就位方案和平面运输路线提供现有的垂直运输通道和畅通的运输通道。

（三）工程智能化程度高、系统众多、综合调试复杂

本项目智能化程度高，有多个系统和几十个子系统，功能性强、系统多、各专业之间相互衔接配合多。既有常规的通风、电气、给水排水、消防系统，又有弱电、交安设施等系统的联动调试，调试技术要求高，组织联动调试难度大。调试工作能检验是否达到设计要求，是工程各项指标能否实现的保证。

应对措施如下：

1. 组织成立调试机构，制定切实可行的调试方案，配备经验丰富的调试人员，统一管理、科学安排，才能使各系统的调试衔接合理，顺利实施。

2. 指派资深专业工程师组成机电专家顾问组，到现场负责指导整个综合机电调试。

3. 调试前，组织各专业编制详细的调试方案。

4. 联系现场工程师，并督促各专业分包配置需要的试验仪器、设备，以及联系设备生产厂商以明确试验要求和设备的相关技术参数。

5. 各子系统的前端设备点多、分布广，通过分阶段、分系统调试以达到最终的功能完善。

三、隧道机电工程监理管控要求

（一）监理与各单位的协调

在机电工程实施过程中极易受到各种因素的影响，尤其是受到其他工程的制约，因此做好施工的协调工作尤为重要。监理人员履行监理规范“三控、三管、一协调”工作职责，贯穿于工程项目的整个过程中，除了要协调好甲方、监理施工单位外，另外还包括设计、土建单位等各个单位之间的协调，因此，做好监理工作很关键。监理人员在监理过程中，应充分考虑各个环节的工作，做好各方的协调，要以合理化建设为前提开展监理工作，做好现场工作记录，以保障机电工作的顺利开展。

（二）坚持原则

1. 直接影响工程质量的问题

工程施工必须按法律、法规及规范要求进行，对一切违反有关法律、法规的问题必须改正。如肢解工程、偷工减料、使用不合格建筑材料、不按施工规范要求施工等。对此，无论施工单位如何强调客观因素，业主、熟人、朋友怎样暗中讲情，监理人员都不应妥协。

2. 存在重大安全隐患

1）严格按建筑工程安全生产管理条例实施

监理人员要高度重视安全生产，牢固树立安全生产意识观念，要像抓质量一样抓安全。对施工组织设计中的安全措施不符合要求的，或发现施工现场存在安全事故隐患的都必须限期整改，施工单位拒不整改的一定要向上级主管部门报告。

2）廉洁自律，公道正派的工作作风是做好协调的关键

首先要确保自身素质过硬，严于律己，做到行为上不吃、不拿、不卡、不要，工作上不故意刁难，处理问题有理、有据、有节，公正无私。

（三）严守监理工作程序性

1. 质量监理工作必须按程序进行，材料设备严格先批后用，工序验收按程序开展，要求施工单位落实质量过程三检制。

2. 程序化工程变更管理，避免施工

有关各方“想变就变”，严格资料收集、费用评估、价格协商等一系列环节，保证工程变更的合理性、可行性。

3. 明确规定工程计量与支付程序，费用监理是进行质量监理、进度监理的有效手段，是通过经济手段对承包人的监督管理，能够有效控制工程费用。

要杜绝不遵守监理工作各项程序现象的发生，可采用以下对策：

1）预防在先。在开工前的工作总进度协调会上，监理方明确提出要求，把监理工作程序告知业主和施工单位，充分取得他们的理解和支持。

2）遇到棘手问题要冷静，不急躁，把规范、标准讲给业主听，让业主感到是真心实意为他们着想，为他们把关，减轻业主的逆反心理，从而取得业主的信任。

3）做一名业主的参谋，定期或不定期与业主一起研究协商工程项目的进度、质量、投资和安全管理工作的有关事宜。

4）实行责任制，制定奖惩机制，严格监督检查。

（四）避免出现盲目性

1. 首先吃透图纸，及时了解工程详细情况，做到心中有数。只有这样，开展现场监理工作才有据、准确、无误，说话才有底气。

2. 讲话要注意场合和分寸，不要一味站在施工单位立场上，为施工单位辩解、强调客观，开脱责任，给业主造成错觉，产生意见。

3. 监理人员与施工单位朝夕相处，接触最多，要让施工单位看到监理人员的正直、负责任的一面，避免出现叫板、较劲、态度刁蛮、动辄训人的现象。

4. 与施工单位发生纠纷时，监理人员不能以义气待人，或义气待事，而对工程放任不管、置之不理。

（五）工程变更引起价格确认

随着通信电子技术的发展，机电系统也在不断完善和更新，在业主与承包商签订合同协议书后，仍会经常发生变更，特别是合同外增加项目和设备、材料型号变化引起的价格变化等。因此，对价格的确认也是监理工作的难点之一。

（六）机电工程的进度控制

机电工程作为隧道工程施工的最后环节，进度受到其他各专业的制约和许多因素的干扰。尤其是土建不能满足机电工程的施工要求，则会影响设备安装的进度。此外，机电工程安装之后，还有功能测试及系统调试过程。因此，应根据工程实际情况，制定合理的施工计划。在确保工程质量的前提下，按期完成机电安装工作是一大难点。

四、隧道机电安装管控重点

（一）抓好联合设计关

由于机电工程的施工设计与系统所选设备的厂家、型号、规格有很大关系，所以机电工程比土建多一个联合设计阶段。联合设计是对原设计与招标文件的完善、修改，对设备的选型及调整都关系到成本控制，因此，应认真、仔细，尽量减少变更，否定不合理、不必要的变更；使联合设计更符合工程实际，保证工程进度。

（二）抓好进场材料、设备检验关

材料和设备是影响工程质量的关键，监理人员应对进场各类材料进行检验和试验。重要设备到场后需进行现场检验及测试等。

（三）把好隐蔽工程关

隐蔽工程关系到施工完成后的运行质量，对施工中的隐蔽工程监理人员应进行全过程旁站，如电力线缆敷设及接续、电缆的防护、接地装置的安装、大型设备基础制作等工序，并做好现场旁站记录。

（四）把好光缆敷设质量关

通信系统光缆敷设质量是工程质量的关键，监理人员应对全线通信管道、人孔、外场设备准确位置等进行认真核查，对承包商提出光缆的配盘计划进行复核，避免敷缆施工中出现浪费。光缆接续也是关键工序，接续时必须用光时域仪进行监测，监理人员要进行全过程旁站。

（五）把好软件调试与功能测试关

应用软件的开发及运行是机电工程的特点，尤其是监控系统，监理人员把好软件调试与功能测试关是保证系统正常运行的关键。

（六）处理好与业主、承包商的关系

监理人员应尊重业主，急业主所急，遇到问题要多与业主沟通。对承包商要采取监督与帮助相结合的办法，热情服务。

五、各系统施工阶段监理的重点分析

（一）监控系统

大型可变信息标志是机电施工中最易受环境、风力影响而遇外界损坏的设备，也是最受关注的形象设施。因此，对龙门架结构设计，表面防腐处理，显示像素管的质量选择，现场安装的工序及工艺要求，防雷、接地、绝缘等技术指标的监理都非常重要。大小型可变信息标志、摄像机基础施工、外场设备基础的质量都直接影响外场设备工作的稳定与安全，也是机电工程重要的隐蔽工程之一。监理工程师应对其基坑尺寸，钢材型号、规格，配筋质量，浇筑混凝土的配合比以及基础的外观质量等进行严格监理。

（二）监控中心设备的安装

监控中心各设备安装工艺要符合规范要求，线缆布设要整齐，绑扎规范，金属线槽和防静电地板支架及屏蔽线的屏蔽层、金属防护层等必须接地。

（三）通风系统

1. 光（电）缆的敷设

通信系统是整个工程的基础，在敷设前应要求承包商全数盘测，施工中应严格掌握施工进度，确保工程质量并对入井的光（电）缆做好保护和标签。

2. 光缆的接续

光缆接续工艺要求高，操作难度大，必须要有高精度的设备和具有专业工种合格资质证的施工人员上岗操作才能完成。监理人员应全程旁站。

3. 光（电）缆调试

光（电）缆单盘敷设完成后要进行盘测，光缆接续完成后要进行中继段指标测试，测试仪器需有合格证，监理人员应全程旁站。

（四）供配电系统

1. 变电所电器设备安装

变电所电器设备安装应保证附件齐全，位置正确，所有应接地部分均与接地装置可靠连接，电气设备应依照规范要求进行交接试验，继电保护要依照设计和供电部门的要求进行整定。

2. 系统的防雷、接地

避雷针、避雷带、避雷线和避雷器的设置应符合规范要求，所有接地装置的材料型号、规格、尺寸、施工工艺、阻值等应符合设计及规范要求，高、低压配电系统的防雷保护应符合规范要求，并满足用电设备的要求。

3. 配电线路的敷设

对电力电缆的路由、敷设方式、连接工艺等应满足设计及施工规范要求，敷设隐蔽工程坚持旁站监理。对电力电缆应进行绝缘测试，相位核对及接地检查。

（五）消防工程

由于隧道环境的特殊性，有限的逃生条件和热烟排除出口使得隧道火灾具有燃烧后周围温度升高快、持续时间长、着火范围往往较大、消防扑救与进入困难等特点，增加了疏散和救援人员的生命危险；隧道衬砌和结构也受到破坏，其直接和间接损失巨大。为确保隧道的安全运营，其中的消防工程是至关重要的。隧道内应有行之有效的、完备的消防设施。消防工程应安全可靠、经济合理，防消结合，采取行之有效的灭火降温措施，防止和减少火灾危害。因此，在施工过程中监理工程师应特别注意以下几点：

1. 无论采用什么类型的烟、温感器，必须严把质量关，必须清楚控制手段等。

2. 消防管道、消防水池、消防水源是保证出现火情时现场能迅速将险情控制在最小范围的保证；消防管道施工要求管道敷设平直，连接牢固。消防水池应充分考虑施工条件，吊架及施工便道等问题。消防水源关系到消防水的供应，监理工程师应了解水源情况。

3. 灭火装置、消防水闸阀必须安装到位，并保障能正常使用。

4. 消防通道、消防门是火灾发生时人员安全撤离的关键。消防通道、消防门要确保本地使用和遥控使用均能符合标准要求。

5. 风机、排烟系统是保证隧道排除险情后，尽快恢复通车的保证。

6. 各种消防设施都必须有明显的标志，保证出现险情时的人员安全。

结语

目前，本特长隧道已完成施工并正式投入使用，机电工程各个系统运行稳定，取得这样的成果，完善、系统的施工监理功不可没。因此，在特长隧道机电工程监理过程中，工程监理人员要加大投入，把握监理工作重难点，确保监理工作到位，全面提升特长隧道机电工程施工质量，为特长隧道稳定运行奠定坚实的基础。

参考文献

[1] 何常声．高速公路特长隧道机电施工质量控制中存在的问题及解决对策[J]. 北方交通，2016（5）：154–155，158.

[2] 韩昌闽．机电安装监理控制重点要点[J]. 中文科技期刊数据库（文摘版）工程技术，2017（11）：149.

[3] 鲁晓燕．浅析高速公路特长隧道机电施工管理与技术[J]. 科学技术创新，2020（10）：99–100.

[4] 李岩，李金生，夏华．BIM 技术在机电管线综合的应用[J]. 智能建筑，2015（8）：36–37.

[5] 王春燕，王斌．机电工程综合管线优化中 BIM 技术的应用[J]. 中国科技期刊数据库工业 C，2016（8）：31.

浅谈地铁深基坑开挖监理安全管控之挂图作战

万峰
江西中昌工程咨询监理有限公司

摘　要：近年来随着城市建设发展，城市轨道交通在全国各大城市大量建设。地铁车站建设大多需要进行深基坑开挖施工，多年以来由于深基坑开挖引起大量安全事故，造成大量的人员伤亡和公共财产损失。探索深基坑开挖的安全管控措施成为建设管理者的重要课题，本篇主要从监理的角度总结地铁车站深基坑开挖过程中监理应用“三图”进行基坑安全风险管控的初步成果，分析“三图”的监理应用心得，并通过实践使用肯定了“三图”在基坑开挖中监理安全管控的实用性。

关键词：地铁；深基坑；安全管控；监理

一、早期地铁深基坑开挖监理过程管控手段

随着各大城市地铁工程的快速建设，深基坑工程日益增多，从而给现场监理人员的安全管理带来很大挑战。在早期的深基坑施工中，监理传统的管控手段主要是：在深基坑开挖之前，组织进行条件验收程序，对开挖前各项准备工作的完成情况进行一一审查（如方案、交底、降水、围护结构质量、人材机准备情况等），达到条件后方可进行深基坑开挖作业；在深基坑开挖过程中，主要是依据方案、设计及规范文件等资料进行巡视、旁站、检查等并辅以监理指令督促现场施工，过程中填写各项检查记录及进展情况形成各类报表、进展图——“三图四表”，而这就是“三图”的雏形。

但各类繁多的报表、记录弊端也一一显露出来，各种表格图示填报流于形式，且不能直观地反映现场存在的问题，如果现场监理人员存在工作漏洞、疏忽，不能尽早发现问题，那么现场存在的安全隐患将是一颗定时炸弹。正是因为如此，近年来由于开挖与方案不符、支撑体系架设不及时等原因造成的深基坑开挖安全生产事故还是频繁发生，造成大量人员伤亡、经济损失。如2008年11月15日下午3时15分杭州地铁湘湖站北2基坑现场发生大面积坍塌事故，造成21人死亡，24人受伤，直接经济损失4961万元。一桩桩血淋淋的事故告诉我们，探索实用的深基坑开挖安全管控措施，做好基坑开挖工程风险管控是当代监理人、建设人的重要任务，我们有必要去开拓创新，在实践中发现最优管控方法。

二、“三图”管控概述

随着时代进步，信息管理系统和视频监控系统等创新管理措施均已在工程领域广泛使用，挂图作战的管控措施应运而生，本文所讲述的“三图”管理措施中“三图”主要包含：“基坑土方开挖与支撑架设剖面图”“围护结构展开及渗漏描述示意图”“监测信息平面布置图”。主要要求施工单位在车站基坑开挖一周前，将基坑开挖与支撑架设剖面图、地下连续墙展开及渗漏描述示意图、监测信息平面布置图在分监控中心内上墙，基坑开挖期间根据施工进度按照图中的说明对图表信息实时进行更新，监理单位对上墙图表信息进行审核。这三图正是由早期的“三图四表”演化、集成形成，将深基坑开挖过程中的各项进展及情况全部浓缩在三张图中，一目了然。

（一）基坑开挖与支撑架设剖面图（图1）

要求每日在图上更新当日土方开挖的时间、方量及区域，另外支撑体系的架设时间也应实施更新。

（二）围护结构展开及渗漏描述示意图（图2）

要求在图上更新开挖过程中及时更新围护结构渗漏情况，并标明处理方式，后续施工中跟进处理情况及结果。严密监控围护结构安全稳定情况。

（三）监测信息平面布置图（图3）

此图是监测点布置图与基坑周边管线平面布置图的集成显示，详细标注了各监测点与管线的位置关系。

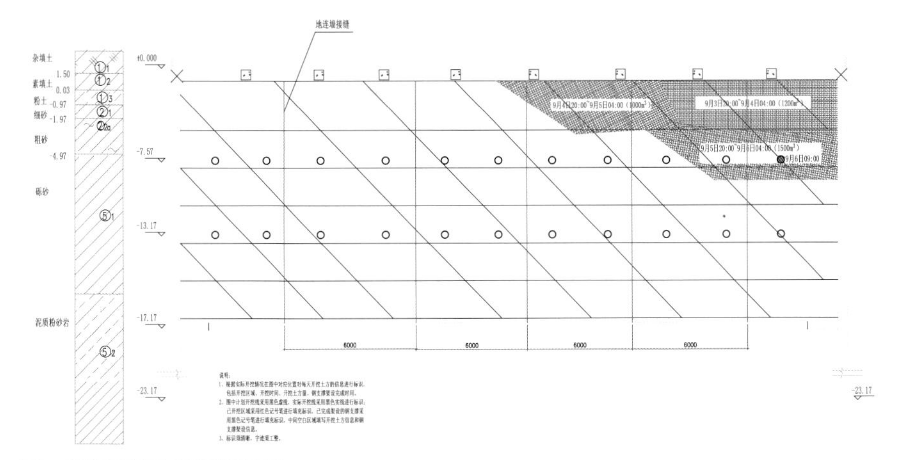

图1　基坑开挖与支撑架设剖面图

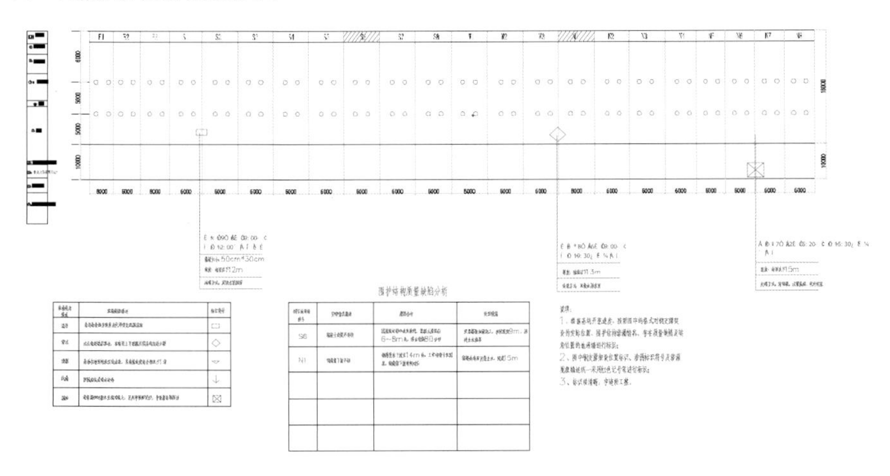

图2　围护结构展开及渗漏描述示意图

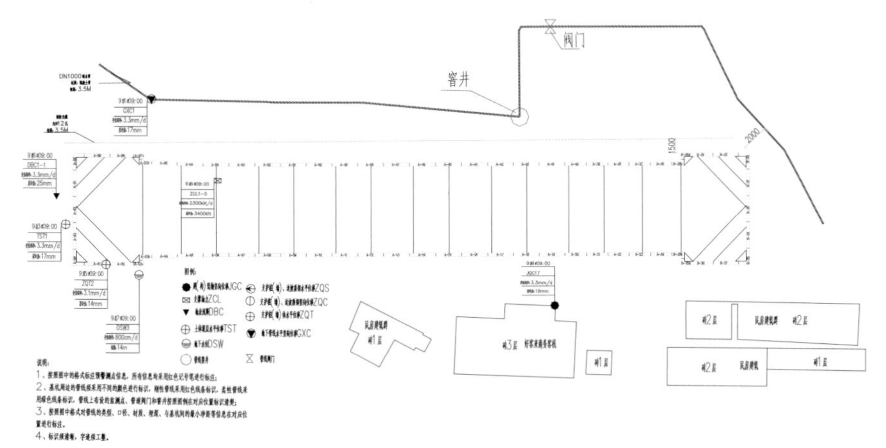

图3　监测信息平面布置图

三、监理管控措施之初用“三图”

“三图”诞生之后立即被用于现场管理中，给监理对现场深基坑开挖的管控带来便利，下面以安丰站为例，详细分析监理在地铁车站深基坑开挖过程中对“三图”的应用情况。

安丰站（原国体大道站）为南昌市轨道交通4号线一期工程土建2标一工区的第三个车站，车站位于龙兴大街与三清山大道交叉路口，线路沿龙兴大街呈东西向布置。为地下二层岛式车站，设有双层车线。车站有效站台中心里程为SK10+021.894，车站起点里程为SK9+634.894，车站终点里程为SK10+123.894，车站主体结构净长489.0m，有效站台中心里程处净宽23.65m（标准段净宽18.3m），端头井净宽22.0m。有效站台中心处基坑开挖深度约16.938m，顶板覆土约3.528m，西端头井开挖深度约17.777m，东端头井开挖深度约17.552m；车站主体基坑采用地下连续墙+3道内支撑（1混2钢）的围护方案，地下连续墙基本墙幅6.0m、墙厚800mm，接头采用工字钢接头。

（一）施工准备阶段“三图”监理应用

在安丰站主体车站基坑开挖前，监理部要求施工单位将安丰站主体结构基坑开挖与支撑架设剖面图、安丰站主体围护结构地连墙展开及渗漏描述示意图、监测信息平面布置图在现场监控中心上墙，这是基坑开挖的必要条件。在施工准备阶段监理部利用“三图”主要有以下用途：

1. 利用监理细则辅以“基坑开挖与支撑架设剖面图”给现场监理员交底，充分直观地向现场监理人员展示安丰站主体车站深基坑土方步骤、放坡要求、开挖顺序、支撑架设的要求等，便于监理现场管控。

2. 由于地连墙施工过程中产生的新老接缝位置，在后期基坑开挖过程中出现渗漏的概率较大，在地连墙展开及渗漏描述示意图上对存在新老接缝问题的相邻两幅地连墙进行标注其施工完成的具体时间，同时在该图上进一步明确，针对地连墙新老接缝和质量缺陷进行处理后，在基坑开挖前需采取的措施。利用“主体围护结构展开及渗漏描述示意图”清晰了解地连墙接缝薄弱环节位置及处理情况，为后续开挖过程中对围护结构薄弱点的风险管控打下坚实基础。

3. 在基坑监测点布置过程中容易发生破坏管线的情况，事先利用“监测信息平面布置图”了解各监测点与管线的位置关系，避免存在交叉情况，同时督促施工单位按此图对施工监测单位进行交底，避免监测点布置施工过程中对管线造成损坏；在“三图”使用前，南昌轨道交通4号线土建二标一工区其他两个车站礼庄山站、怀玉山大道站均先后有由于监测点布置造成管线破损的事情发生。安丰站主体车站开挖工作在严格使用“三图”后未发生此类事件。

4. 利用“监测信息平面布置图”对现场监理人员进行监测点位置及管线位置（含管线阀门）交底，便于后期施工中更好地巡视管控及应急处置。

总而言之，“三图”在基坑开挖的施工准备阶段主要是用于交底、指导等几个方面的综合集成，可以使监理人员能够清晰直观地了解基坑开挖工程的管控风险点，为后续施工过程中的监理管控铺桥搭路。

（二）施工阶段“三图”监理应用

在安丰站基坑开挖过程中，监理部督促施工单位在基坑开挖期间根据施工进度按照“三图”中的说明对图表信息实时进行更新，把现场的实际进展及问题真实可靠地直接体现在图表上，监理部对上墙图表信息进行审核并及时上传系统，便于各层级、全方位地参与进来，共同监管现场作业。监理部通过安丰站基坑开挖施工阶段中实际使用“三图”，主要有以下几个作用：

1. 通过“基坑开挖与支撑架设剖面图”实时了解现场开挖动态，对照图表第一时间发现现场是否按方案施工，土方开挖是否按要求放坡；钢支撑架设是否及时；开挖顺序、深度是否与方案一致等。此图为现场监理做好现场质量安全管控予以极大的便利，同时还能通过工作时间、进展状态分析工效。

2. 通过“维护结构展开及渗漏描述示意图”的实时更新，了解现场围护结构的渗漏水点位及处理情况，分析处理措施是否与方案一致，监理部在开挖过程中加强对标注点的后续发展情况的巡查，往往基坑易发生的“涌水、涌沙”等险情均在此类薄弱点处发生，加强薄弱点的监控，以便第一时间发现基坑安全隐患及时处置。另外在使用过程中监理发现，很多情况下渗漏图无法完全表达现场信息，不能够很清晰地反映渗漏点的发展及变化情况，为此我们增加一张渗漏点观测索引表，在图上标注渗漏点序号，再于索引表中详细描述渗漏点情况，从而能够更加完善清晰地体现现场实际情况。

3. 监理部巡视检查过程通过“监测信息平面布置图”与现场实际情况对照，巡视人员能够第一时间发现各监测点状态，督促施工单位及时对占压、损坏的监测点进行恢复。同时能够监督现场监控量测情况。

4. 通过每日的“三图”上传系统，能够使各层级参建人员共同参与现场管理，多层级、多角度的共同监督和严格把关，能够督促现场规范化作业，极大地降低现场违规作业的发生概率，有利促进现场安全生产作业。

总而言之，“三图”在基坑开挖的施工阶段最主要、最关键的作用体现在监督，“三图”的实时更新就是对施工现场的微缩展现，包括对开挖过程的规范性监督、对渗漏处置进行监督、对监控量测进行监督。全方位地加强现场监督能够极大地降低安全生产事故发生的概率。

（三）施工后期阶段“三图”监理应用

“三图”主要是一种事前、事中过程中的控制手段，加强了过程中的风险管控，在事后主要作用体现在总结分析，是一份直观性较强的图示版施工记录，能够对现场施工情况进行追溯。通过数据的统计分析现场功效，为日后同类工程的工筹留有依据；也能在施工过程中发生险情时对险情发生的原因做辅助分析，以便对症下药，尽快控制并排除险情。

安丰站主体结构基坑开挖于2019年5月20日开始，2020年3月30日结束，过程中“三图”的使用贯彻始终，整个施工过程中未发生“涌水、涌沙”等安全事故，各类渗漏水点均按要求处理，基坑开挖过程安全可控。

四、不同地质条件下的“三图”应用

由于深基坑围护结构的形式多样化，现场施工工况也截然不同，“三图”同样能相应地灵活变化使用，主要体现在第二张“围护结构展开及渗漏描述示意图”。就以安丰站及怀玉山大道站为例，由于安丰站采用800mm厚地下连续墙的围护结构形式，而怀玉山大道站采用的是ϕ1000mm钻孔灌注桩+锚喷混凝土+三轴止水帷幕的围护结构形式。由于不同的围护结构形式导致各薄弱点位置不同，各类渗漏点的封堵形式也截然不同，比如地下连续墙需关注的薄弱点为墙体接缝位置，而钻孔灌注桩却没有；地下连续墙发生渗漏、出现湿渍可用钻孔灌浆堵漏，而钻孔灌注桩+锚喷混凝土却不能轻易尝试灌浆。为了应对此类情况，监理在现场也做出相应改变，在围护结构展开及渗漏描述示意图的基础上附加上一个湿渍展开观察表，用于现场风险管控。这也体现出“三图”的实用性、灵活性。

五、“三图”监理应用的总结分析

经过两年多的现场实际应用，我们发现为了能够让“三图”真正起到作用，在后续同类工程中必须做到以下几点：①监理每日监督施工单位真实更新“三图”，并且务必对照现场实际情况进行检查更新是否属实，确保图表信息准确无误，尤其是开挖情况、架撑时间、渗漏点情况等，经过对比可以发现施工是否规范化；②项目部信息管理系统和视频监控系统等需要及时完善，并且加强分监控中心系统维护，确保全员投入管理，监管人员数量及层级的增加，有利于发现现场存在的隐患问题，以便尽快消除隐患；③针对不同的工程环境、不同的设计情况，“三图”的形式也应灵活变化，图表的更新需要能清晰地体现现场情况。

通过在实践中查缺补漏，取其精华，去其糟粕，不断完善，对于监理来说，“三图”已经成为一种实用性较强的管控措施，实践显示“三图”能够帮助我们更好地做好基坑风险管控，降低基坑安全生产事故的发生概率。我们认为“三图”还是值得推广，但“三图”只是基坑开挖风险管控的一项措施而已，探索实用的深基坑开挖安全管控措施，如何做好基坑开挖工程风险管控仍然是一个长期课题，我辈监理人、建设人任重道远，仍需砥砺前行。

参考文献

[1] 张翼．地铁车站深基坑支护施工技术研究[J]．城市建设理论研究（电子版），2017（30）：148-149．
[2] 郭战宏．地铁车站基坑工程建设风险识别与预控[J]．四川水泥，2018（12）：335-336．

医院病房“平疫转换”改造工程监理工作的探索

潘汉松

广州建筑工程监理有限公司

摘　要：为应对新型冠状病毒肺炎等类似传染病疫情防控管理工作，“平疫转换”医院作为抗击工作的关键环节和主要场所，正发挥着越来越重要的作用。而医院病房“平疫转换”功能的实现涉及工程项目建设的多个专业，施工技术新颖、工艺要求高、技术难度大。本工程在设计和施工过程取得一些心得，为“平疫转换”医院建设探索出好的方向。

关键词：负压隔离病房；功能转换；监理服务；三区两通道

前言：新冠疫情背景

在2019年除夕钟声即将到来之际，一场全球性的新型冠状病毒肺炎疫情迅速席卷了世界各国。其影响范围之广、时间之长、潜伏之深、传播速度之快，给中国除夕之夜按下了暂停键，也拖慢了世界各国前进的步伐，直至今日仍在冲击着人类生活的各个行业。即使对抗病原体的疫苗已经研制成功并投入使用，但是新冠病毒随着时间的推移和季节的变化发生了变异，如德尔塔、奥密克戎等，意味着我们需做好与之长期抗战的准备。目前国内绝大多数三甲医院不具备新冠病毒防控功能，而医院和医护人员作为抗击疫情的主战场和战士，如何在疫情暴发时期拥有收治病人的条件尤为重要！

一、工程案例

从武汉金银潭医院收治第一批病患者至2021年11月12日，全国各省市陆续打响疫情攻坚持久战，将部分三级甲等医院病房区域改成综合性病房，即平时供正常病患者使用，疫情期间迅速转换成具备收治传染病患者的负压隔离病房，部分“平疫结合”医院工程案例（广州地区），如表1。

“平疫结合”医院工程案例（广州地区）　表1

序号	工程案例名称
1	广州市第八人民医院项目
2	广州国际健康驿站项目
3	广州医科大学附属第一医院重大呼吸道传染病危重症救治中心改造项目（本项目）
4	广州市红十字会医院住院综合楼项目

二、监理项目工艺介绍

1. 理念——平疫转换

本次病房装修改造按平疫结合、快速转化的理念进行改造，改造后平时使用为普通呼吸道病房，疫情暴发时为收治烈性传染病病人的负压隔离病房。针对烈性传染病疾病的防控防治，在医疗空间布局上要做到医患分流，保护医护人员的安全，防治院内交叉感染。在疫情暴发时通过快速改建实现功能转换，做到“平疫转换”结合功能效果。

1）当处于平时状态时，医院改造区域按照平常综合医院的布局方式收治病患者。

2）当处于疫情状态时，如新冠肺炎疫情大规模暴发时期，医院通过合理的物理隔断的改变和加建，形成“三区二通道”布局模式，严格遵循“医患分流、洁污分流”原则，普通病区改造成收治烈性传染病病人的隔离负压病房。

2. 建筑和医疗工艺流程

为达到针对烈性传染病疾病的防控防治的要求，在医疗空间布局上要做到医患分流，保护医护人员的安全，防止院内交叉感染。

1）当医院处于平时状态时，医护人员通过专用的医护电梯到清洁区，病患通过病患电梯到达污染区，两股人流分离，只有当医护人员需要对病患进行治疗时才进入污染区。

2）当医院处于疫情状态时，医护人员通过专用医护电梯进入清洁区，然后通过半污染区的卫生通道到达缓冲间（兼走道），再进入每一间病房，医护人员经过靠近污染通道的病房门退出，经过污染通道到达脱防护服的卫生通道，再经相应的卫生通道、淋浴更衣到达清洁区。病患通过污染通道到达病房，污物通过污染通道到达污物暂存间或经过污物电梯运输出去。

3. 空调系统平疫转换

为保证病房的功能使用并控制空气中传染性细菌、病毒、尘埃、水蒸气等微小物质的流向，各个功能区域之间需形成 Δ 大于 5MPa 的压力差值，因此平时和疫情病房区域的新风、排风、压力等参数均需进行调整（表 2）。

病房区域换气次数及压力差值 **表2**

病房通风量数据	新风	排风	压力
平时病房	3次/h	2次/h	+5Pa
疫情病房	10次/h	12次/h	−15Pa
病房卫生间	不设置	10次/h	−20Pa

1）当处于平时状态时，医院按照平常综合医院的布局方式收治病患，空调系统使用风机盘管及新风系统，普通病房处于微正压状态。

2）当处于疫情状态时，医院通过迅速调整暖通系统设备运行参数，转化成为疫情负压状态，保护医务人员和周边病区安全，使普通病房变成负压隔离病房。

3）按平面布置图，以横向中部走廊为分界线，分成南北 2 套新风及排风系统，通风系统管线避开负压改造区域，通风系统风口均设置在建筑非改造区域内。通风系统在每个房间之间均设置密闭阀，防止交叉感染。

4）病房采用风机盘管加新风的空调系统，各个送风设置电动定风量调节阀，各个排风设置变风量调节阀，各个室内设置微压差计，使各个区域保持相对的压差；压力由高到低的顺序为：医护走廊—病房—病人廊，各区域压力梯度 Δ 大于 5MPa。

5）病房采用变频风机，平时低频运转供普通病房新排风使用，疫情时高频运转供负压病房新排风使用。为保证相邻病房互不干扰，根据《传染病医院建筑设计规范》GB 50849—2014 条文 7.4.4~8，每间病房送排风管均设置密闭阀；送排风系统上设置定风量压力梯度装置，并于方便观察处设置压差检测和显示装置让使用者随时了解病房压力情况。

4. 轻质滑动隔墙板平疫转换

本项目为改造项目，为保证病房的通风采光和医护人员工作环境的安全，应保证平时按普通病房布局使用，负压隔离病房按“三区两通道”的设计方案，应达到病人通道和医护工作通道完全分隔、密闭的效果。

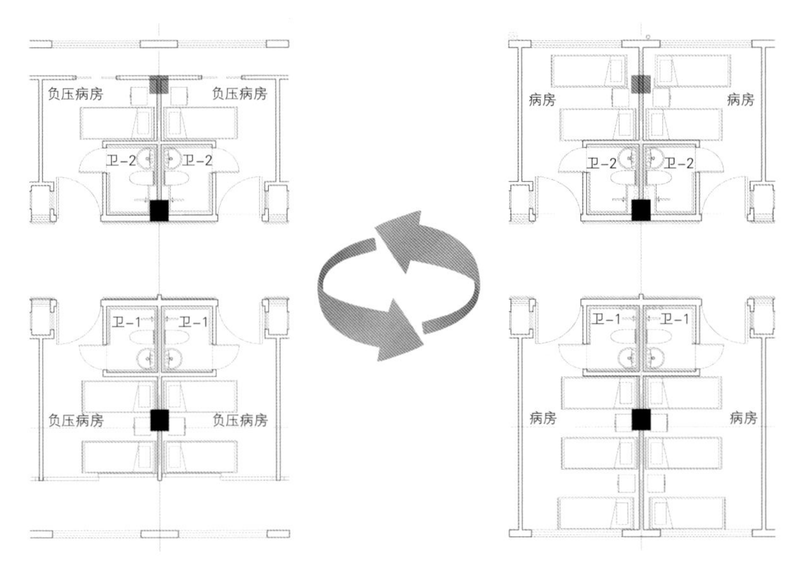

图1 普通病房（左）和负压隔离病房（右）转换示意图

1）房间转换示意图（图 1）

平时（普通病房）和疫情时（负压病房）的方案，采用病人（污染）走道通过轻质滑动隔墙板实现快速转化实现“平疫结合，快速转化”的理念。轻质滑动隔墙板转化成负压隔离病房时要保证气密性符合要求，应满足快速、便捷、安全的转换条件。

2）活动隔墙（装配式）转换开启方式（图 2）：平时，左右 2 樘活动隔墙为开启模式，室内为普通病房。疫情时，左右 2 樘活动隔墙为关闭模式（关闭后室外为污染走廊，室内为负压病房），采用插销形式固定，固定后，隔墙上、下、左、右四侧活动缝隙均需加装铝合金圆弧，隔墙上有一扇医用气密门可连通污染走廊。

3）病房密闭性处理方式（图 3）

（1）隔墙（装配式）面与顶棚面间使用铝合金内圆弧平滑收口。铝合金内圆弧安装方法：先用螺钉固定圆弧底座，再把圆弧面板卡在底座上，安装拆卸方便，气密性可满足要求。

（2）隔墙与踢脚间用 1.5mm 铝质型材连接，型材安装在平整基面上，卡接墙板，缝隙处密封胶收口进行密封。

4）墙体构件及工艺处理方式

（1）采用钢质装配式隔墙的形式，墙上带通行医用密闭门。

（2）隔墙采用天地铰链的形式，实现隔墙可在 90° 范围内旋转。

（3）当隔墙宽度大于 1800mm 时候，在开启一侧加承重万向钢球，保证启闭的灵活。

（4）隔墙采用磁力锁两点锁点，保证使用过程中的稳定（也可采用插销形式）。

（5）活动隔墙可实现 90° 旋转，打开或关闭可实现平疫转换。

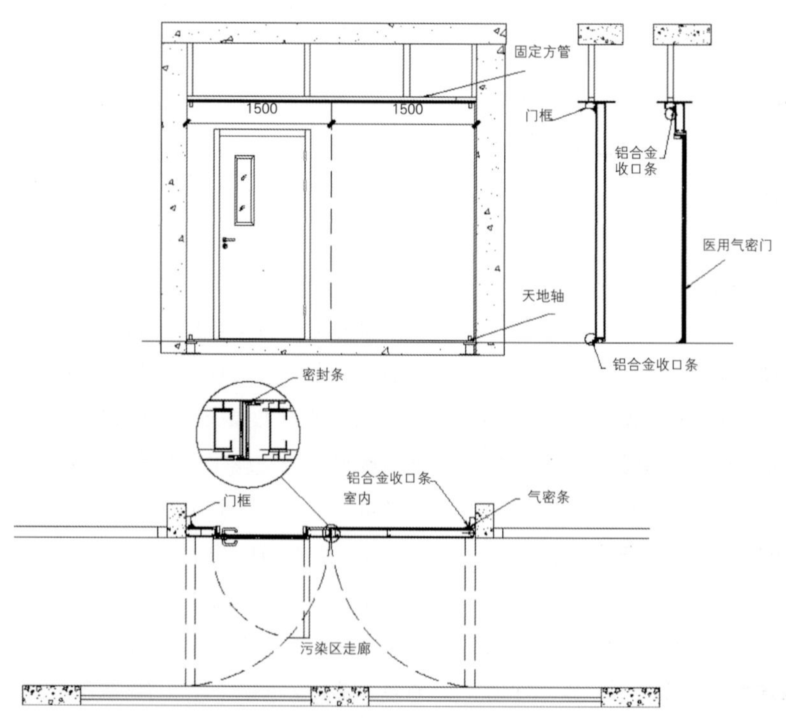

图2 活动隔墙（装配式）平疫转换开启方式

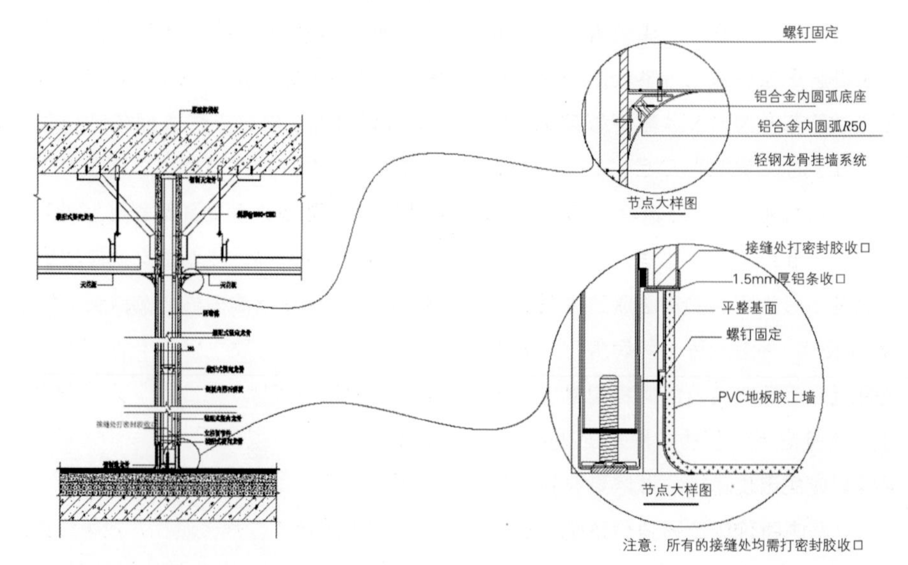

图3 病房密闭性处理方式

（6）隔墙打开后室内为普通病房（平时）。

（7）隔墙关闭后室内为负压病房，隔墙所有活动位置均安装铝合金内圆弧密封。

（8）活动隔墙中所带小门为医用气密门可实现密闭功能。

三、监理服务的重要作用

本项目为改造项目，为尽快交付院方投入使用，以应对新冠病毒暴发状态下的疫情管理工作，工程项目建设工期要求十分紧张。监理公司根据合同对项目安全、质量、进度、成本等方面提供全过程管理与咨询服务，在各个建设阶段均需根据项目实际情况采取不同的管理措施，以专业技术能力和管理服务推动并指导项目建设，确保工程项目的质量和工期履约要求。

四、监理服务经验交流

1. 前期准备阶段

该项目作为广州市重点公共建设项目，由国家发改委直接拨款，在疫情应对上进行专款专用；且项目为公共卫生突发事件的应对场所，资金来源及工程功能具有特殊性。

1）协助业主对工程改造范围划分，落实各参建单位责任主体、管理制度，明确项目要求。

2）报建过程：疫情环境之下，以人为本。为加快该项目的建设进度，协助业主向市住房和城乡建设局申请定义为“应急抢险救灾”项目，故无须向安监站进行报建，以此减少审批流程。

3）组织院方各科室、代建中心、设计单位、第三方造价咨询单位等了解使用需求、系统/设备能源供应位置及路由情况，同时对项目可行性研究报告中的概算进行初步评估并梳理重点控制内容，避免出现超概情况。

4）协助落实工程预付款的支付事宜：工期要求短，不适合按月/季度支付进度款流程，故采取预付款60%、结算款40%的形式进行支付，以解决施工单位因资金周转困难的问题。

2. 初步设计阶段

提供决策管理服务，成本控制与前期阶段的决策内容息息相关。组织各参建单位造价部门召开专题会议纪要，邀请审计单位对工程造价（概算、预算、结算）审批流程进行交底；同时明确根据白图施工过程中，因不可避免原因产生的超概费用，应包含在暂列金额（10%）和预备费（5%）中。监理部形成专题会议纪要，各单位签字确认，以此约束各参建单位行为，从而控制工程总体成本。

3. 工程建设阶段

工程建设施工阶段，是工程质量与功能实现的决定性环节。监理服务过程的管理措施对工程项目的质量优劣、工期、安全状况、成本控制等发挥着重要作用。

1）监理单位发出“工程开工令”后，监督施工单位进场前施工组织设计、管理制度、施工方案及专项方案等的落实和实施。

2）拆除工程方面：本次改造的医技楼建于1988年，由于建筑行业环境和政策变化的原因，原始竣工图纸未存档，无法查看。

（1）拆除工程量的确认，施工现场监理人员需根据广东省工程量计量计价标准和地区定额标准的要求，对改造区域土建、装饰装修、机电（给水排水、电气、暖通）、医疗气体等专业相关工程量清单进行梳理，按专业/系统列项阐述特征描述、结构尺寸、区域位置、数量等。

（2）结合《广州市淤泥排放管理办法》及《广州市造价站》的相关要求，对渣土外运排放运距里程、拆除工程材料的残值回收等进行记录，过程中以影像（图片、视频）资料的形式留存备查。

3）材料方面

（1）主要材料品牌的确认，材料质量作为工程质量优劣的前提，监督施工单位是否按照《广州市重点公共建设项目管理中心建设项目乙供材料看样定板管理办法》（穗重建〔2020〕578号）执行，审核施工单位提交的材料资料并组织监理专员进行核查。

（2）按照规范标准，对每批次进场材料进行检查或复验，监理见证员开展材料送检工作，形成记录台账。

4）质量方面

（1）施工过程中，按工程形象进度进行旁站、抽检或平行检验等，对发现的问题及时发出“质量整改单”，复查合格后方可转入下一道施工工序。

（2）按照设计图纸和验收规范要求，对各分部分项工程的主控项目和一般项目进行全面的隐蔽验收。

（3）本项目的负压隔离病房的“平疫转换”方案，在国内属于首创案例，监理单位要求施工单位建立样板间，委托第三方检测机构测试平时、疫情状态下的各种性能参数，并组织专家论证评审会，以保证平时和疫情时功能的实现。

（4）监督第三方检测单位对实体项目的检测过程，保证各分部分项工程的质量达到设计及规范要求。

5）进度方面

（1）根据合同工期要求和施工单位提交的施工进度计划表，每周进行核查、评判，督促施工单位针对滞后内容做出调整，加快劳动力、材料、机械设备的投入。

（2）本项目由于院方其他楼层仍在营业过程中，受人员流动大、可利用区域（材料堆放、垂直运输等）、医院创文活动等因素影响，施工时段断断续续。监理单位及时与院方进行协调，为开展施工提供便利条件和支持。

（3）涉及医院设备厂家进场安装的内容，如吊塔、ECMO设备、智慧安防、消防联动等，加强与院方沟通和协调并组织各医疗设备厂家进场安装有关设备，与施工单位进度顺利衔接。

（4）负压隔离病房的装配式墙体材料（如抗菌医疗板、轻钢龙骨等）、平疫转换门等供货厂家受到当地限电、限产的政策影响，供货周期难以保证，监理部组织施工单位有关人员前往工厂进行协调，并督促施工单位派专员驻场进行监造；针对其他难以保证供货周期的材料，及时约谈厂家，以加快本项目的材料生产速度。

（5）每周举行监理工程例会和专题协调会解决施工中存在的各项事情，推动项目建设进度。

6）安全方面

坚持“安全第一，预防为主”的原则，争创绿色示范工地，让项目安全风险等级处于最低状态。

（1）督促各单位落实责任管理制度和岗位履职情况。

（2）安全隐患排查：一方面，过程中形成例行检查制度；另一方面，对项目现场安全情况进行旁站、安全巡视、专项检查等，及时消除安全隐患问题。

（3）监督施工现场安全文明施工措施、人员教育、疫情防控管理等情况。

7）图纸方面

（1）白图下发后采用业主和监理共同签字盖章的形式，作为施工单位据图施工的依据。

（2）各专业图纸下发后，及时组织图纸会审；过程中由于院方使用功能增加、系统变化、场地限制及其他原因需对图纸进行调整的情况，均以设计变更或补充图纸会审记录台账的形式进行确认，监理单位加强过程见证和监督管理。

4. 工程结算阶段

根据项目实施过程中所有留存资料，审核工程竣工验收、四方核查、款项支付、施工单位结算及有关资料的完整性情况。依据合同条款的约定和要求，协助业主和第三方咨询造价公司对项目各项投资款项进行审核。

五、新方法在工程监理中的应用

工程建设过程中，监理部采用了多项新颖管理办法，为推动项目进度、工程质量和安全起到了显著的效果。

1. 由于项目启动时间紧促，设计单位蓝图未能及时下发，仅下发部分白图；施工单位考虑白图可能发生变化造成返工现象，故未组织动工。

设计单位在前期准备阶段后，已组织各专业设计师进行赶图，并已完善各专业图纸，但是图纸审核单位的审核流程及过程缓慢，故蓝图未能下发；监理部组织业主、设计、施工单位召开专题会议，提出设计单位可按照“院区—楼层—区域—专业 / 系统”的原则，先行下发白图，业主及监理单位签字盖章确认，以此作为施工单位根据白图开展施工的依据；同时设计单位加强与审图单位沟通、协调，加快蓝图审核速度。

2. 根据广州住建局31号令、37号文及公司管理办法的有关规定，督促施工单位完善涉及危险性较大分部分项工程范围的管理措施。超过一定规模危险性较大的分部分项工程，监督施工单位组织专家论证会，在广州地区，还要执行“双确认”和“专家验收”等规定，为项目安全状态保驾护航。

3. 假设施工阶段涉及深化方案未能及时确认，设计单位无法按期出具图纸的情况，监理单位组织参建各方召开专题会议，提出采用“双图签”（即设计单位、深化单位共同盖章）的形式，作为深化图纸下发的依据，以此推动项目进度。

4. 注重技术能力、管理服务水平的提升。定期组织监理人员参加公司级医院工程专题教育培训；每周举行一次项目级内部讲解活动，即每位监理人员根据本项目情况，自行选择讲解课题，轮流讲解工艺、管理办法、应用等。

六、信息化管理和服务

项目建设过程中信息管理和服务，一方面提高了项目管理的效率和信息传递的时效性，另一方面增加了项目的可视化程度，接受监督的同时也赢得了声誉。

七、应用意义

为应对新形势下的疫情防控管理的需要，国家卫健委就需要建立相应的救治管理体系，训练一支听指挥、善管理、懂技术的医护保障队伍，配置大量的人员、物资、救护场所等。平时将这些要素服务社会，造福人民；公共突发事件暴发时，可立即快速转换成后备传染病救治中心。既能应对突发事件接诊疑似及传染病人，又能在非疫情时发挥楼宇经济价值，而非闲置，达到平疫结合、平战结合的效果，一举多得。

八、社会效益

直接效益：一是各省市因地制宜，根据当地政策、人口数量、GDP、公共卫生条件等配备相应数量且适合当地实际情况的综合性医院，及时应对新冠疫情突发情况；二是能减少城市土地资源的利用，优化城市医疗管理体系；三是减少建设资金支出，可减少国家投入，减轻财政负担；四是创造了一个培训队伍的良好环境，为不断提高医护人员救援素质和应急救援能力、信息处理能力提供了实地演练的机会；五是减轻城市建设、经济发展中的相应负担，可节省大量建设经费，加快城市发展，缓解矛盾。

间接效益：一是扩大了疫情应对的影响，提高了全社会的人民防疫意识，增强了国家疫情管防控观念和信心；二是医疗系统的队伍建设有了客观的良好环境，有利于队伍的稳定；三是不断更新和提高现代化知识水平，缩短了新形势下新冠疫情持久攻坚战的距离。

开展平战结合医院，是一件利国、利民的大事。正如习近平总书记在十九届人民代表大会所说的那样：“为伟大的中华民族复兴的‘中国梦’而不懈努力，不断提高社会公共服务水平，一心一意为人民群众谋福祉！”

参考文献

[1] 传染病医院建筑设计规范：GB 50849—2014[S]. 北京：中国计划出版社，2015.

[2] 中华人民共和国国家健康委员会（http：//www.nhc.gov.cn），文件索引号 000013610/2021-02348.

[3] 广州珠江外资建筑设计院．负压病房平战结合快速转化设计方案专家评审书：广州医科大学附属第一医院重大呼吸道传染病危重症救治中心改造项目，2021.

[4] 通风与空调工程施工质量验收规范：GB 50243—2016[S]. 北京：中国计划出版社，2017.

[5] 洁净室施工及验收规范：GB 50591—2010[S]. 北京：中国建筑工业出版社，2011.

[6] 建筑装饰装修工程质量验收标准：GB 50210—2018[S]. 北京：中国建筑工业出版社，2018.

[7] 广州市重点公共建设项目管理中心建设项目乙供材料看样定板管理办法．穗重建〔2020〕578 号．

EPC模式下棚改项目监理工作重点——某棚改项目实施过程分析

郑喜照

国基中兴工程咨询有限公司

前言

棚改项目作为一项民生工程，自推行以来在改善群众的居住条件、兼顾完善城市功能、改善城市环境方面取得了明显的效果。EPC总承包是当前建筑行业最受关注的热点之一，其作为国际建筑市场主要的承发包模式，越来越受到国内建设主管部门及建筑业相关企业的关注。该棚改项目就是在这样的背景下立项并付诸实施的。

一、项目简介

所建工程分两个地块，宗地一安置区总建筑面积约344675.20m²，安置套数约2796套，地上建筑面积274833.20m²，包括25~33层住宅楼14栋，幼儿园、文化活动站、治安联防站、便民店等2~4层配套用房4栋。宗地二安置区总建筑面积约362603.74m²，安置套数约2892套，地上建筑面积约287211.76m²，包括26~33层住宅楼14栋，幼儿园、菜市场、治安联防站、便民店等2~4层配套用房4栋。地下车库均为1层。

二、质量控制监理工作重点

棚改项目有两个显著的特点：一是体量大且重复性的工作较多；二是各方关注度高，一旦有负面消息曝光率极高。因此在质量控制方面，必须把同病屡犯问题和小业主投诉热点问题作为监理工作的重点。

1.坚持质量为本。牢固树立全过程质量管理的思想，重视事前控制，加强过程控制，不放松事后控制。棚改项目工程建设工序繁多，施工周期长，以预防为主。

2.严把开工关。开工之前除检查土地规划证、项目规划证、施工许可证等前期手续外，要重点审查EPC总包单位的质量保证体系、项目管理机构主要人员、进场机械设备和材料，在能确保施工质量、安全的情况下才能同意开工。

3.重视图纸审查，严格控制设计变更。EPC模式下的设计单位和施工单位同属一家公司，出于利益考虑，在对项目方案图纸进行深化设计时可能会过度压低工程造价成本。这样一来施工图审查就显得尤为重要，在相应的分部工程施工前必须取得相应的图纸审查合格证。对于业主选定设计单位的EPC模式应重视设计交底和图纸会审，尽量避免和减少图纸中存在的“错碰漏缺”问题。

4.坚持方案，细则先行。每一项重要的分部分项工程施工前必须要求EPC单位编制详尽可行的施工方案，然后经监理单位审核同意后方可执行。事前要按照监理细则对监理人员进行详细的监理交底，明确检查验收的内容、标准、方法以及处理问题的手段措施及程序。

5.严格监理程序。没有了监理程序质量控制就是一句空话，施工方必须在三检合格的基础上向监理报验，经验收合格后方可进行后续工序施工。项目实施过程中监理人员要加强巡视、旁站、平行检验力度，在过程中发现并解决问题。

6.结构安全和使用功能必须满足强条要求。对于基础、主体、电梯、配电房、水泵房、消防控制室等相关工程内容，必须符合设计和验收规范要求，严守强条底线，凡上述内容未经监理书面确认一律不得擅自隐蔽。电梯、防雷、室内环境、消防、水、电、气在竣工验收前必须有相关部门出具的合格证书。

7.加强总包人员管理，重视分包队伍的选择，严禁以包代管。加强各方面人员的管理，层层落实到位。有责任心、经验丰富的施工人员是项目质量控制的基础，对工程质量起到至关重要的作用。

8.严把材料关。棚改项目所用工程材料、设备种类繁多数量庞大，材料方面除了做好基本的进场验收和见证取样复试工作外，最好在EPC合同中增加主要材料、设备品牌库清单附件。如EPC合同中没有相关清单，监理单位也应积极和建设单位、EPC单位沟通，就项目所用主要材料、设备品牌最大限度地达成一致书面意见。

9. 装饰、安装工程坚持样板带路。对于电梯前室、楼梯间、防水、门窗、保温等工序应坚持样板带路，统一明确工作标准，提高工作效率，为大规模施工提供验收依据。重点加强墙体、抹灰、地面、墙面、吊顶、灯具、开关插座、管线细部质量管理，提高观感质量效果。

10. 加强高层建筑的“三线”控制工作。轴线、标高线、垂直度类似于建筑物的经络，对高层建筑来说，由于涉及面广、操作难度大，经常会发生位移或失准的现象，造成严重的质量事故或者埋下安全隐患，因而必须确保万无一失。

11. 狠抓渗漏等投诉热点问题。凡卫生间、厨房、阳台等涉水部位24小时蓄水试验后要认真检查防水效果，外窗框和窗洞口之间必须保留一定的空隙并用弹性材料填塞密实，车库顶及屋面防水层施工切实做好旁站工作，后浇带、沉降缝、伸缩缝等处细部处理必须符合设计和规范要求。

12. 重视质量通病的防治。通病也是一种病，不能因为通病问题不能杜绝就放松对通病的防治和处理。要从影响质量的各种因素人机料法环入手，采取切实性的各种措施，积极主动地进行防治，最大限度地降低通病问题的发生。雨水渗漏、房屋裂缝、抹灰层脱落、房间净尺寸、门窗尺寸等问题是小业主投诉热点，监理单位在工作开展过程中要有针对性地加以控制。

三、进度控制监理工作重点

EPC模式下进度控制方面监理工作虽然协调量小，但实施过程中由于EPC一方独大，操作起来有一定难度。应把重点放在总进度、年度、季度、月进度计划的审核和纠偏方面，对于非完全意义EPC模式应侧重业主与总包单位在进度方面的界面责任划分。

1. 尽可能完善前期手续。真正按照程序进行施工的项目并不多见，在目前“多边工程”仍很普遍的情况下，手续的完善对于工程的顺利进展有很好的促进作用。像棚改项目这样的民生工程更是如此，只有手续齐全才能享受到政策优惠措施，比如管控期间的区别对待，及申请棚改专项贷款等。

2. 积极协助EPC总包加快拆迁进度。拆迁工作不能有等靠思想，要多管齐下切忌齐头并进，谈妥一家拆迁一家说成一块拆除一块。正是立足于抢字当先的思想，宗地二才能领先于宗地一近一年的时间进行土方开挖。

3. 及时计量确认非EPC方原因导致的工期延误。本项目2019年恰逢第11届全国民运会召开和中华人民共和国成立70年大庆，大气管控尤为严格。对于非EPC方原因导致关键路径工作延误的要及时予以计量确认，打消总包方的内心疑虑，这对于融洽双方关系和顺利推进工作都有很大的促进作用。

4. 加强管控期间材料的组织供应。管控期间砂、石、水泥、混凝土、钢筋、瓷砖、玻璃、型材等材料供应紧张，对于水泥、混凝土、钢筋这种重污染企业，地方上更是制定了严格的限产、停产措施，在这样的大背景下如果不提前采取措施，就极有可能出现“等米下锅”的问题。

5. 必须充分考虑资金供应对工程的重大影响。本项目没有预付款，进度款按季度产值的50%进行支付，剩余部分竣工验收合格后三年内按照20%、20%、10%比例进行支付。即使在这样的付款条件下业主也不能按期支付且缺口较大，产值上不去EPC公司内部20%的配资也无法兑现。在工程材料现款交易比较普遍的情况下，EPC方虽然可以靠自身的企业信誉争取到月付70%的付款条件，但是到第三次发货甚至第二次发货就由于资金问题难以为继了。

6. 科学对待合同工期。本项目合同工期22个月，即使在管控实施的2017年之前，要实现这样的目标即使天时、地利、人和占全了也是难上加难的。要实现这个目标基本是不可能的，虽然各方对此也都有清醒的认识，但是实施过程中也必须制定切实可行的总进度计划，并不断地根据进展情况以及外部条件实施情况进行纠偏、调整，同时及时采取各项切实有效的赶工措施，最大限度地缩小目标工期和实际工期之间的差距。

7. 高度重视工期索赔。一旦合同工期严重滞后甲乙双方矛盾升级，工期索赔在所难免。作为监理方一定要在项目实施过程中注意收集相关资料，分清各方责任，合情合理地协调工期索赔事宜。工期考核要依据合同，同时也要根据实际情况给予适当的补偿。

8. 签订必要的补充协议。在工程款拨付不及时、EPC融资困难、管控影响、材料上涨等因素导致工期目标已不可能实现时，应积极督促甲乙双方本着友好解决问题的态度，在合法、合规、合情、合理的基础上签订补充协议，以利于后期工程的顺利实施。

四、投资控制监理工作重点

EPC 模式一般采用固定总计合同，投资控制相对简单，在实际操作中要重点做好工程计量和变更签证工作。

1. 计量工作对投资控制尤为重要。本项目采用固定单价合同，2600 元 /m^2 包一切费用，依据合同约定每一季度按照形象进度编制相应的预算书申报进度款。由于 EPC 方、监理方、建设方、咨询方对形象进度、工程量计算、定额套项等存在理解偏差，反复多次方能定稿，导致每一次工程款拨付都不亚于一次小型工程结算。建议此类项目最好分量、价两阶段进行确认，条件具备的项目最好由双方约定改由面积指标或编制总量清单进行中间投资控制，可以大大减少烦琐无益的重复工作。

2. 变更确认必须经建设单位确认。对于 EPC 方单纯为了降低工程造价或为了施工方便进行的工程变更要坚决予以否决，对于增减合同内容或改变功能而导致的变更要相应地对工程价款予以调整。

3. 合理考虑材料价格风险分担问题。由于建设单位的强势地位，往往迫使 EPC 方接受工程建设的一切风险甚至无限风险，这样就给项目的顺利实施埋下了潜在的隐患，一旦出现建筑材料大幅上涨导致总包方无钱可赚甚至亏本的情况，甲乙双方矛盾就会迅速升级。如合同中没有约定材料调差条款，也应在适当的时机依据国家和地方的指导文件，促使甲乙双方就材料调差问题达成一致意见。

五、安全履责监理工作重点

棚改项目体量大点多面广，要重点做好深基坑、塔吊、电梯、外架、吊篮等危大工程的安全履责工作，要重点抓群死群伤类恶性事故，要重点抓好人的不安全行为和物的不安全状态。

1. 坚决执行“安全第一，预防为主”的方针。安全问题必须执行一票否决制度，绝不能为赶抢进度而放松对安全工作的管理，杜绝发生类似江西丰城电厂恶性事故的发生。

2. 做好分包资格审查。严格审查分包单位的全安生产许可证及特种作业人员的资格证、上岗证是否有效，检查安全生产规章制度、设备电器的安全操作规程机构，及保障安全的组织机构是否建立。

3. 严格控制重大危险源 。深基坑、塔吊、电梯、外架、吊篮等危大工程必须严格按照方案实施。对于超规模的危大工程必须严格按程序进行专家论证，并按专家意见进行修改完善。严禁擅自更改方案内容。

4. 重视设备进场验收和运行维护。对施工机械设备类型、状态、制造许可证、合格证进行审查，不符合安全标准的不准使用。起重设备应出示质量技术监督局出具的检测报告。定期检查起重机械及其他设备的运行状态，安全防护装置不完整或失效的机械不准使用。凡危及人身安全的须设置防护罩、防护栏，起重机械操作人员应持证上岗。

5. 做好关键节点的安全履责工作。塔吊顶升加节、爬架爬升下降、吊篮移位就位等关键节点要求相关人员进行现场监督实施，确保各项作业符合相关规范及方案要求。模板拆除前相应的同条件养护混凝土试块强度必须达到拆模要求。长时间停工后要对主要设备的性能进行全面检查，经书面确认后方可使用。

6. 重视火灾的安全防范工作。认真落实消防器材是否配置齐全，消防水源是否引至施工楼层。电焊作业严格执行动火审批制度。宿舍内严禁使用电暖气、热水壶、电饭锅等大功率电器。

7. 扬尘管控工作不容忽视。扬尘管控已经成为一种常态化，这项工作做不好将对监理工作造成极大被动，甚至影响到企业的诚信和经营。

8. 必要的停工令及报告制度不可或缺。当施工现场安全可能出现失控甚至已经出现失控局面时，必须打消一切顾虑，坚决签发停工令，并将现场情况书面报告安全监督站，否则极有可能出现类似扬州某项目爬架坠落的事故。

结语

在目前的市场条件下，纯粹意义上的 EPC 模式并不多见，建设单位出于多种考虑，借 EPC 之壳行 PPP 融资之实，用 EPC 工程总承包新瓶装施工总承包旧酒的现象比较普遍。监理工作开展过程中，对此要有清醒的认识，不能一味地生搬硬套，更不能丧失原则一味灵活，要本着实事求是的态度，有利于项目顺利进展，有利于保证工程质量、安全、进度的总目标出发，统筹考虑合理协调各项工作的开展，方能有效完成各项监理工作。

浅谈钢结构拱桥施工阶段监理工作要点

寇燚、王亚雄
山西明泰建设项目管理有限公司

随着我国基础建设项目的规模化进程，现阶段钢结构桥梁较混凝土桥梁有跨度大、重量轻、建设周期快等优点，目前在全国各地城市交通道路上日趋增多，下面笔者结合目前承监的项目就钢结构桥梁从施工准备到完工验收各阶段监理控制要点进行简单论述，不妥之处请予纠正：

一、承监项目概况、特点难点

山西省晋城市丹河快线“1+3”项目一期工程建设地点位于晋城市东部区域，是连接主城区—金村新区—高铁新区的一条南北向城市主干路，丹河是晋城境内的第二大河流，是沁河的最大支流，丹河快线道路需跨越丹河，经过政府部门、前期规划设计单位等多次方案比选，最终决策在此节点修建一座下承式钢拱—钢混叠合梁系杆拱桥，即丹河大桥，该桥是丹河快线建设工程重要的组成部分，更是整个道路工程的控制性节点。

丹河大桥总长537m，主桥为下承式钢拱—钢混叠合梁系杆拱桥跨度177m，桥面全宽53.5m，等级为城市主干路。

二、主桥施工控制的重点、难点及应对措施

1. 丹河大桥主桥是目前国内桥面最宽下承式钢混叠合梁分离式系杆拱桥、最大跨度无横撑下承式简支钢箱拱桥，由于受场地限制和经济因素，本工程未使用龙门吊、整体转体、顶推等跨河桥梁常规施工方案，经过多次论证该桥主桥钢箱梁、横梁支架采用水中钢管桩，支架安装方法采用浮箱上载50t汽车式起重机水中插打，浮箱四周通过钢丝绳固定在陆地上，使用倒链控制方向；桥上拱肋拼装采用箱梁上不搭设支架，履带吊上桥吊拼。该方案解决了场地及经济可行性等问题，但具有浮箱倾覆、架体失稳、履带吊上桥行驶安全、吊装安全等诸多危险源。

2. 质量方面为了保证钢梁施工线形，支架需要有足够的刚度、强度及稳定性；支架安装时，顶面标高的误差需控制在5mm之内，方能保证工程质量。

支架沉降是工程控制的重中之重，如果支架沉降量过大过局部支架承载力不足，整个主桥箱梁受力不合理将会导致工程失败，所以支架的沉降监测应贯穿于整个施工过程，且通过监控数据得出支架操垫抬高的拱度值，若在施工过程中或体系转换前支架局部发生超过预期的沉降，必须立即暂停施工，展开对沉降原因的分析，应认真检查各支撑点是否操实，防止偏载造成局部管桩受力过大，局部点的沉降可以采取对各支点的承载力进行计算，通过改变操垫位置和增减支撑点的方法达到对荷载重新合理分配的效果，以减轻沉降点支架承受的荷载，然后再用千斤顶将沉降点钢梁顶起，用钢板重新操垫牢固，另外将沉降点与附近支架进行加固连接，以形成整体受力。

3. 主桥钢梁采用拖拉法组拼，由于钢梁为全焊接结构，安装精度高，跨度大，对设备有很高的要求。

4. 主桥钢箱拱高度较高，具有一定的线形，采用汽车式起重机支架法高空架设，因此对施工的全过程进行监控、监测支架受力、变形、位移，对确保施工期间的安全非常重要。

5. 施工工期较长，两岸大堤内侧容易由于洪水淹没临时设施，需注意施工时间及施工场地布置。

6. 各钢梁构件间连接均为焊接，焊缝质量均为一级焊缝，焊接质量受环境因素影响较大，而环境因素不确定性较强。

三、钢桥施工准备、加工、安装等各施工阶段监理质量控制的要点

1. 钢结构桥梁工程施工准备阶段，监理机构需加强以下几方面的控制工作：

1）组建强力的项目监理机构、检查施工企业项目部的建立情况。

一个项目的成败管理始终是第一位的，是前置因素，而作为项目主要实施单位管理人员的技能素质对项目的成败更是起关键性作用，作为监理单位首先要组建经验丰富专业合理的项目监理机构，通过设计图纸、实地考察等对工程项目进行事前了解，确定其关键点，派驻类似工程经验丰富的总监、专业监理工程师组建监理部，其次监理部要监督施工企业项目管理和施工人员配备情况，施工项目主要负责人（技术负责人等）必须具有相应项目的工作经验、组织管理能力、技术理论知识。

2）施工拼装图和施工组织设计、专项方案的制定是项目顺利实施的关键工作。

每个钢结构桥梁设计都有其独特性，施工图和施工方案要充分理解和体现设计意图。在设计交底的基础上，监理机构会同各参建单位对施工拼装图、方案进行会审，发现不足之处，及时进行修改和完善，确保施工图纸和专项方案满足设计要求和现场工艺布局、储存运输等实际需求，该工程施工单元拼装图、每个钢构件焊缝位置都经过原设计单位和相关专家多次论证形成一致意见后制定了专项方案，履行完成签批程序中监理机构下达的实施指令。

3）落实工装和设备的投入。

钢结构桥梁加工制造对工装和设备依赖性较强，监理机构要参照桥梁规模、项目技术要求，结合以往经验判断设备的质量和性能是否满足钢结构件拼装的质量、进度要求。

4）认真严格开展焊接工艺评定和工程相关试验。

钢结构工程，焊接是工程成败的基础和重点。监理机构在了解相关工艺参数的基础上要协助施工单位组织焊接工艺评定工作（钢材、焊接材料、焊接方法、焊后热处理等），检查焊接工人资格证、焊接人员实际操作能力与所持证书是否相适应，并全程见证相关试验检测，保证焊接面工艺满足标准规范要求，保证钢结构焊接质量，最终确保桥梁质量。

2. 钢结构桥梁加工阶段监理质量控制工作包含以下几方面：

焊接工序受环境影响较大、环境湿度温度、风力等对构件焊接质量好坏起决定性因素，而本工程钢构件有节段长、宽度大等特点，对焊接操作平台要求高，通过比选最终选定委托专业钢梁厂对节段进行整体制作，所以钢结构厂家的选用又成为质量保障的关键工作，监理机构会同施工、建设单位通过对厂家机械、设备、车间、以往工程成果、在建项目实地考察，咨询其他单位信息等方法，结合运距、供应能力等诸多因素，采用科学合理的加权评分对多个钢梁加工厂家进行评比，最终选定一家适合本项目的厂家，在钢结构件工厂制作阶段，监理机构派驻现场监理人员进行过程中的质量控制和工序验收。主要进行以下几方面工作：

1）一个工程实体构件的形成是从原材料→半成品→成品转化的过程，工艺、工序质量是转化过程的关键、而材料则是质量保障的源头，监理机构必须加强原材料的质量把关，包括钢材母材、焊材、油漆等原材料的现场实物检查、质量证明文件和抽样复检。大跨度钢结构桥梁选用的钢材一般质量等级较高，该钢桥主材选用 Q345qD、Q420qE，监理机构首先对厂家进场加工的钢材核对原材料相关信息，如厂家名称、产品批号、交货状态、性能指标、出厂检测报告等，其次通过见证取样对原材力学及性能、物理指标进行抽样复验，而根据《钢结构工程施工质量验收标准》对厚度大于 4mm 的钢材进行了化学试验分析最终确认钢材有害元素含量是否满足质量要求。如钢板的磷、硫含量关系焊缝裂纹的敏感性，碳、磷元素含量超高引起的冷脆现象、硫高温下降低钢材塑性，钢板板芯成分偏析严重将改变钢板厚度方向性能影响焊接加工性能，供货状态影响焊接接头力学性能等问题都应充分考虑、科学判断。

2）严格把关加工制造流程。由于钢结构桥梁加工制造的尺寸精度、焊缝质量要求较高，工厂化施工的同时伴随着流程化，各工序相对独立，但前道工序影响着后道工序。某一环节疏忽，容易形成批量性问题，因此必须保证工序质量，落实首件制、三检制度。监理机构通过组织首件制的联合检查验收，从设计、监理、总包、专业分包、行业专家等多个角度对构件的产品提出改进意见，并根据首件质量分析设备运行可靠性、测量器具准确性、公差匹配吻合性、工艺措施有效性等问题，形成适用于该项目大批量加工和验收的统一标准和依据。

3）认真进行钢结构内部、外部质

量检测。监理人员要通过尺寸、外观质量的检测，发现影响后期安装的问题或内部可能存在的问题，合理使用无损检测的手段辅助质量控制。目前超声波、射线探伤等在桥梁钢结构焊缝内部质量检测方面已经成为可靠手段，监理机构要通过产生的缺陷类型，实时分析、判断成因，调整过程中控制的重点、要点。例如通过肉眼可见的焊瘤、焊疤、咬边等焊接缺陷判定生产的工艺问题，目前有多篇论文对焊接质量缺陷及成因进行了论述，笔者在此不再复述。

4）目前钢梁的所有构件大部分为工厂制造，应在工厂内按照实际工程需要完成预拼装检验工作，确保所有构件精度满足要求后才能出厂。由于钢结构桥梁存在纵横向的线形，部分结构或节点存在多个方向的连接关系，同时桥位现场的施工条件局限，因此厂内预拼装能够进一步验证制造质量，减少桥位现场拼装的困难，是桥梁钢构件出厂前的最后一道关键工序，也成为监理机构质量控制必不可少的工作。

5）提升喷砂除锈和涂装质量。由于受露天使用环境影响防腐质量的好坏直接关系到桥梁使用寿命，而火灾、锈蚀也是导致钢桥梁使用耐久性、安全性的关键因素，钢桥梁除锈等级一般较高，该桥为 SA2.5 级除锈，监理机构通过现场全数检查验收保证钢材表面无油脂、污垢、氧化皮、铁锈等杂质，钢材表面呈均匀金属光泽方能进行下道工序施工；涂装施工基本露天作业，这造成质量受人为和环境因素影响较大，监理机构通过漆膜测试仪、表面粗糙度检测仪等严格检查打砂除锈粗糙度、清洁度以及涂层厚度、附着力，确保涂层施工质量达到验收标准。

3. 钢机构桥梁安装阶段监理控制内容：

钢部件出厂验收完成后，下一步运输至施工现场，通过施工机械进行钢梁现场吊装、拼焊及焊口防腐涂装，该阶段监理质量控制要点如下。

1）临时支撑结构强度、刚度、稳定性验收。

支架强度、稳定性不仅涉及成桥施工质量，也直接关系到工程施工安全与否，支架失稳导致的事故将是灾难性的，该桥支架体系单点承受荷载、跨度均远远超过住房和城乡建设部危大工程标准范围，而且河道作业环境复杂，1.5m 深的河水，浅河面利用浮箱插打钢管桩也属晋城市首例，监理机构积极请教多方探讨会同建设、勘察、设计、施工等各参建单位邀请省内外相关行业专家依据国家相关规范、标准多次召开专家论证会，对方案的可行性、完整性、保障施工安全的充分性进行讨论，最终形成具有切实可行合理完善的专项施工方案后，对施工步骤、程序、细节严格按方案实施检验、验收。

2）该桥所有钢部件安装采用履带吊装，所有钢结构单元件上提前留置吊耳，吊耳尺寸位置严格计算审核，吊装就位调整好位置后焊接定位板定位。焊缝焊接前监理工程师检查坡口、间隙和对接板高低差，同时检查环境是否满足焊接环境要求（风力小于 5 级，温度大于 5°，湿度小于 85%），用钢丝砂轮进一步对焊缝除锈，现场焊接完成后，按要求进行外观质量和内部质量探伤检查（X 射线等同工厂焊缝检测手段），验收合格按涂装工艺涂装并验收。

3）各种涂料涂装严格按照说明书、验收规范要求进行。每道工序完工后都应经过自检和专检并填写记录，专检合格后，监理工程师组织施工技术负责人等相关人员按签批的施工方案、验收规范进行正式验收，发现的问题通过返修、整改等措施达到合格标准后签署正式分项、检验批验收记录，通过验收。

四、完工验收

1. 首先施工单位做出书面的钢结构施工质量自检评价报告，报告中应对钢结构施工情况进行介绍，内容一般应主要有：工程设计变更、技术问题及处理协议；工程定位、测量、放线；隐蔽工程验收，钢材进场验收；钢结构安装基础、支座及位置偏差；钢结构主体结构的整体轴线、桁宽、标高和里程的允许偏差；舱门螺栓连接副紧固件的品种、规格、性能；螺栓连接摩擦面的抗滑移系数试验和复验，螺栓连接副扭矩系数检验和复验，螺栓紧固轴力（预拉力）复验；钢结构焊接超声波或射线探伤检验，钢结构防腐涂装情况；钢材及焊接材料品种、规格、性能质量情况；钢结构安装的平面、竖向、节点连接的施工质量情况，钢结构沉降观测情况，提出质量自检评定结果。

2. 监理机构的质量控制应为事前控制、事中控制为主，但对控制成果的展示除实体工程外，最直观的是文字记录，在监理过程中应及时形成文字验收记录，确保施工质量的可追溯性。记录内容包括构件名称、型号、编号、施工环境状况、施工时间、施工内容、检验记录等，最终出具完整的质量评估报告。

3. 验收时应提供的钢结构工程施工质量资料：

1）钢材、辅材等的出厂质量合格

证明文件及抽样复检报告。

2）焊工合格证书、考试合格项目及施焊认可范围。

3）设计要求全焊透的一、二级焊缝超声波、射线探伤检测报告。

4）钢结构主体结构的整体轴线、桁宽、标高和里程的允许偏差值检查记录表。

5）钢结构用防腐涂料产品质量证明书、钢结构的防腐涂装检查记录。

6）钢结构拼装记录。

7）钢结构施工图、竣工图和设计变更文件。

8）隐蔽工程验收记录。

9）沉降观测记录及评价报告。

10）钢结构工程检验批、分项、分部工程质量验收记录。

11）分部工程质量控制资料核查记录。

12）其他质量技术保证资料。

在上述质量、技术控制资料完整的前提下，监理机构依据质量验收规范组织建设、勘察、设计、施工进行五方竣工预验收，对各方提出的验收意见进行整理，待施工单位根据预验收意见整改完善后，通知建设单位组织五方参建单位正式进行竣工验收，并由质量监督机构等建设行政主管部门监督验收程序合规性，验收通过投入使用即完成该阶段监理的控制工作，项目进入缺陷责任期。

目标导向、技术引领构建全过程工程咨询超值服务体系
——陕西国际体育之窗实践

申长均　刘永康

陕西中建西北工程监理有限责任公司

摘　要：咨询企业在履行全过程工程咨询合同义务时，应以目标为导向，除了具备常规的项目管理能力外，还应当根据项目的实际情况，以技术为引领，具有能调集不同专业技术资源的能力，采取有针对性的技术、管理措施，服务于项目，解决项目问题。要采用灵活的组织模式，发挥全咨组织的作用，为业主创造价值，构建全过程工程咨询超值服务体系。

关键词：全过程工程咨询；服务体系

国务院办公厅《关于促进建筑业持续健康发展的意见》（国办发〔2017〕19号）提出，完善工程建设组织模式就是要加快推进工程总承包和培育全过程工程咨询。陕西中建西北工程监理有限责任公司是陕西省第一批全过程工程咨询试点企业，其母公司中国建筑西北设计研究院有限公司是全国四十家全过程工程试点企业之一，有丰富的技术积累、工程设计和管理经验。

受陕西旅游集团建设有限公司委托，陕西国际体育之窗项目由陕西中建西北工程监理有限责任公司承担全过程工程咨询服务工作，在实施过程中充分发挥咨询服务单位的技术、管理优势，与陕旅建设公司一起，创新咨询服务组织模式共同建立项目指挥部高效完成了项目十四运赛事指挥和媒体中心功能，完成了项目建设阶段性的目标。

一、工程概况

陕西国际体育之窗项目承担第十四届全运会赛事指挥及新闻媒体发布中心功能，是陕西省重点项目，省、市、区各级政府部门高度关注，具有重要意义（图1）。

项目由赛事指挥中心、新闻媒体中心、运动康复中心、室内滑冰场、室内滑雪场、综合训练馆等及相关配套和服务设施构成，总建筑面积约37万m^2，总投资约41亿元。包含三座塔楼及四层裙房：1号楼54层，总高241.5m；2号楼34层，总高137.7m；3号楼21层，总高98.5m；裙房4层，高23.7m。

项目3号楼及周边裙房承担着第十四届全运会使用功能，其中地下四层为停车区域，负一层局部至四层为全运会功能用房，3号楼8~21层为陕西省国资委办公用房。位于唐延路与科技八路东南角，由陕西省体育产业集团有限公司投资，中国建筑股份有限公司承建。

图1　陕西国际体育之窗项目鸟瞰图

二、项目建设重点、难点

1. 项目工期紧

2019年9月29日，陕旅集团与省政府签订“场馆建设工作责任书”。要求陕西体育之窗项目十四届全运会使用部分3号楼和南区裙房，2020年6月30日具备装修条件，9月30日精装完成，具备办公入

驻条件。要在10—12月内完成约20万m^2的主体结构及11万m^2的装修任务。

2.设计方案发生重大变更

前期因项目进展缓慢，陕西省体育产业集团整体移交陕西旅游集团，项目业主发生变更，陕旅集团组织专家重新审查后，为保证国有投资效益，项目功能需进行重大调整，在保证第十四届全运会使用功能的前提下，项目由四栋相对独立的主楼，调整为有三栋主楼的体育产业综合体。项目发生重大决策变更，涉及超高层、大跨度悬挑、大跨度钢结构以及极为复杂的造型设计，且因工期要求，设计优化工作难度较大。

3.项目报批报建手续需重新办理

前期手续全部需重新办理，涉及的项目土地、立项、可行性研究、规划、超限审查、地铁安全评价、质量安全监督、施工许可证等重要手续，办理难度较大。

4.技术难度大

项目场地狭小，周边毗邻地铁、陕西省警备局以及超高层建筑，施工组织难度较大，且项目存在超高层、深基坑、高支模、大跨度钢结构、复杂基坑支护等危险性较大的分部分项工程，施工组织及施工技术难度较大。

5.协调难度大

边变更边施工，参建单位众多，其中涉及勘察、设计、监测、监理、总包以及50余家分包单位，外部涉及省市区各级主管部门以及周边地铁、市政、建筑各施工单位，组织协调难度较大。

三、目标导向、技术引领，构建全咨超值服务体系

（一）确保十四运使用进度目标

2019年7月27日管理人员进驻现场，承担全运部分功能的3号楼土方和桩基还未完成，1号、2号楼和南区裙房土方才刚刚开始，项目商业策划工作还在进行中。面对十四运要按期交付的目标，时间紧、任务重、工作难，采取常规方法肯定无法完成任务。面对难题，只有打破常规、创新手段、科学管理、铁腕管控才有可能完成任务。

1.合理确定突破点

进驻陕西国际体育之窗项目，由4栋主楼调整为3栋的商业策划工作还在进行中，除了基坑大小，其他要素条件还在变化中，没有确定。为满足全运会工期要求，指挥部决定将全运会要使用的3号楼作为完成项目进度目标的突破点，倒排工期，明确节点目标，以点带面，带动项目快速建设。2019年8月3日，指挥部发出了“关于发布体育之窗项目2019年重大节点目标的通知”，明确要求：

1）2019年12月31日3号楼主体结构（22层）封顶。

2）2019年9月10日3号楼3层地下室到±0。

将3号楼作为突破点，力图通过第一个重大节点，40天9月10日完成3号楼±0目标的突击，调整项目部按部就班的工作习惯，树立体育之窗项目管理新风尚，为完成全运目标打下坚实的管理基础。

2.提效率，冒酷暑，领导亲临一线现场指挥

抢工期是资源战，是心理战，更是协调管理战，面对急难险重的任务，只有高效指挥、铁腕管控，才能调集资源，打歼灭战。

指挥部决定业主、施工、监理单位领导不许在临建办公，冒酷暑，亲临一线，在基坑对撑上办公，直接面临3号楼，亲临现场，发现问题，立即解决，极大提高了管理效率。

3.保目标，铁腕管控，不许有闲置作业面

时间紧，任务重，管理不能盲目。在确保工程质量、安全的基础上，提出了严格管理程序、24小时轮班作业、不许有闲置作业面的要求。指挥部、施工、监理各级领导现场轮流值班、合理分工，施工单位抓资源，负责组织劳动力、物质资源；指挥部抓进度，指出闲置作业面，要求施工单位调集力量，保障各作业面有人施工；监理单位保质量安全，及时跟踪，过程中发现质量安全问题并解决，及时履行监理程序。

铁腕管理。参建单位班子高效运转，2019年8月22日，用时14天完成了3号楼筏板施工，用时18天“啃下”地下三层，完成±0的“硬骨头”。

从指挥部7月27日进场，到9月10日完成3号楼±0，44天完成了从动员到第一个进度节点的冲刺，为全面完成省委省政府交付的政治任务打下了良好的基础。

此后，紧盯3号楼主体结构，5天一层，2020年1月9日3号楼22层顺利封顶。安装装修阶段，抓住多专业施工协调关键，以装修为龙头，2020年10月20日3号楼及裙房4楼，迎接了十四运筹委会的督查，圆满完成了阶段性任务。

2021年9月9日，十四运组委会办公室向陕旅建设集团发了表扬信，9月15日第十四届全运会在西安顺利开幕，赛事指挥和广播电视中心发挥了重要功能。

（二）技术引领，解决技术难题

陕西中建，西北工程监理有限公司进驻现场的团队由具有丰富建造技术、管

理和组织经验的专家型领导带领，现场与陕旅建设公司共同组成的指挥部精炼高效，背后有汇聚中建西北院及陕西省内不同专业领域的专家的顶级专业咨询服务团队，不同阶段，为项目提供不同类型、不同深度的专业咨询服务。在重要设计方案确定、重大设计方案优化、重点施工方案调整等方面发挥了巨大的作用。

在陕西国际体育之窗项目的全过程工程咨询实践中，加快了项目冰雪方案落地时间，优化了超高层结构体系，调整了拆撑方案。节约投资6000余万元，缩短工期约7~9个月。

1. 发挥西北院西安独家冰雪专业设计优势，促进冰雪项目迅速落地。

陕西国际体育之窗在十四届全运会后将改造成以体育产业为主的综合体，其中设计有室内滑雪场及滑冰场。2019年8月，全过程咨询服务团队进场后，在原有设计单位对冰雪项目不熟悉的情况下，请院冰雪研究中心介入，结合项目实际进行多方案设计，迅速形成多套室内冰雪设计方案，经业主比选后通过，专业的设备布置和功能需求迅速落地，及时向建筑结构和配套专业提供了技术要求，避免了专业冰雪工艺要求对项目设计的影响，保证了裙房设计进度，满足了工期要求。届时该项目有望成为西安首个室内滑雪、滑冰场。

2. 发挥中建西北院专家优势，优化超高层结构设计，节约投资3000余万元，北区增加一层平层停车。

指挥部请专家对项目两栋超高层（两栋超高层分别为137m和246m）超限设计进行预审过程中，发现原有设计体系有不尽合理之处，不能通过超限审查。经与原设计单位进行技术交流和协商，邀请中建西北院结构专家进行指导，对原结构体系进行了调整。两栋超高层设计优化后，顺利通过了陕西省住房城乡建设厅的超限审查，节约投资约3000余万元，建筑专业优化后，将北区的3层地下室调整为4层，增加一层平层停车，优化了使用功能。

3. 责任担当，发挥专业能力，调整基坑拆撑方案，缩短工期8个月，节约投资2876万元。

陕西国际体育之窗项目由3层地下室（局部4层）、3栋塔楼和4层围合式裙房组成，1号塔楼和3号塔楼紧邻地铁6号线和8号线，基坑边线距离地铁7.43~31.82m，沿线管线错综复杂，距离最近管线3.20m；2号塔楼邻近高新万达One DK3项目，基坑边线距离万达红线4.96m，基坑整体呈174m×174m方形，整体土方开挖深度21m，局部开挖深度约30m，地下水埋深-18.10~-20.30m，工程支护形式采用装配式预应力鱼腹梁钢支撑支护体系和锚拉、混凝土灌注桩、混凝土支撑等多种形式的组合基坑内支撑体系。与西安常规桩锚支护形式相比，支撑影响1号楼、2号楼和裙房主体建设。

工期锁死，只有消除或减轻支撑对施工的影响，项目才有可能按签署的“建设工作责任书”完成。基坑支护设计单位提出，原有支撑只能在结构从下向上整层完成后才能拆撑，不能分坑拆撑，多次强调十四运要使用的西南角的混凝土撑在整层拆撑中必须最后拆除。指挥部要求基坑支护设计单位根据项目实际情况，对分坑拆撑的工况进行深化设计。2019年7月29日基坑支护设计单位上报的分坑方案提出，需工期约为7~9个月，估算费用约为2876万元。

在数十次与基坑支护设计单位协商无果情况下，全咨团队试图委托其他支护设计单位接手后续拆撑工作，终因有一定的风险没有单位愿意全面承担起灵活拆撑工作。项目商业策划还在进行，各楼栋和裙房同步实施无法实现；无论是各楼栋同步实施还是采用深化设计的方案，均无法满足项目工期要求。拆撑工作陷入僵局。

再不决策将意味着陕旅集团对省政府承诺的落空，进而将影响项目报批报建的完成和项目的成败。全咨团队与不同单位的专家开展论证，请施工单位上海总部的博士进行受力分析计算，请上海钢支撑专家现场指导，寻求灵活拆撑、保障工期的稳妥可行方法。

最终，主要负责人在认真分析支撑受力状态、对比分析设计拆撑条件的基础上，认为在应力应变观测的配合下，应当可以根据工程实际情况进行拆撑。在基坑拆撑专题会上，果断决策，明确拆撑顺序和观测要求，签署了支撑拆撑令。支撑拆撑从原设计最后拆除的部位率先开始。

2019年11月28日开始正式拆西南角第三道支撑，期间指挥部及监理安排专人进行旁站巡查，监测单位加密监测，基坑监测数据显示位移均在允许范围内，平稳实现了基坑分区域自由拆除。此后西南角、东南角支撑按照现场实际情况及结合监测数据，进行独立拆除，西北角、东北角及对撑在两侧鱼腹梁拆除后，也进行同步拆除。

陕西国际体育之窗项目内支撑拆除，不完全符合危大工程管理程序，是在全咨团队强大的技术和管理能力的基础上实现的。全咨团队在自身技术能力的基础上，承担了不该承担的风险，体现了全咨团队在能力基础上的责任担当。理论与实践结合，配合实时监测体系的运用，突破传统管理思维，创造性地保证了项目工期、节约了投资。

4. 聚合资源，优化幕墙设计，节约投资 1231 万元。

全运会临时使用工程冲刺同时，1 号、2 号楼施工也在紧锣密鼓地进行，指挥部邀请专家，对 1 号、2 号楼幕墙工程进行了优化。在满足规范的前提下，幕墙夹胶中空玻璃调整为中空玻璃，1 号楼大堂玻璃骨架片改为 PVB 片，不锈钢装饰条变更为铝合金喷涂仿不锈钢条。在不影响使用功能和外观效果的情况下，节约投资 1231 万元。

四、建立融合共进的管理组织，减少管理环节，提高管理效率

陕西国际体育之窗项目时间紧、任务重、难度大，陕旅建设自身是一支非常有经验的代建团队，全咨团队的介入主要是起到技术强化和互补作用，是建立两个层级的团队还是双方融合形成一个共同的团队，进场开始双方就进行了深入的交流和沟通，最后还是形成了一个团队。

全咨服务团队与代建单位人员联合组成项目指挥部，共同进行全过程项目管理。双方人员共同组成工程部、设计部、行政管理部，全咨团队根据项目工作特点，编制了《项目管理制度汇编》，对指挥部人员工作职责、项目管理工作制度、工作流程、资料管理等进行了明确，指挥部按照制度汇编开展工作。

融合性组织架构使得全咨服务团队与建设单位、代建管理单位形成无缝对接，技术服务团队切实做到为建设单位全心全意的服务。共同对设计、监理、施工等各参建单位进行全面管理，保证项目手续、设计、施工管理等方面有序推进。

体会

通过陕西国际体育之窗项目的工程实践，体会到在履行全过程工程咨询合同义务时，咨询服务单位应以目标为导向，除了具备常规的项目管理能力外，还应当根据项目的实际情况，以技术为引领，具有调集不同专业技术资源的能力，采取有针对性的技术、管理措施，服务于项目，解决项目问题。要采用灵活的组织模式，发挥全咨组织的作用，提高管理效率，为业主创造价值，构建全过程工程咨询超值服务体系。

参考文献

[1] 陕西省住房和城乡建设厅．关于开展全过程工程咨询试点的通知（陕建发〔2018〕388 号）．
[2] 住房城乡建设部．关于开展全国从工程咨询试点工作的通知（建市〔2017〕101 号）．

“1+X”全过程工程咨询实践与思考

马升军　杜曰建　郭荣勋　鲁强　营特国际工程咨询集团
徐友全　温雪梅　山东建筑大学工程管理研究所

一、全过程工程咨询概念

为提高工程建设组织管理和咨询服务水平，保证工程质量和投资效益，2017 年 2 月 21 日，国务院办公厅印发了《关于促进建筑业持续健康发展的意见》(国办发〔2017〕19 号)，首次明确提出“全过程工程咨询”这一概念。鼓励建设单位委托咨询单位提供招标代理、勘察、设计、监理、造价等集项目管理一体化的全过程咨询服务。深圳等地也明确提出，建设单位应充分认识项目管理服务对建设项目的统筹和协调作用，积极采用“以项目管理服务为基础，其他各专业咨询服务相组合”的全过程工程咨询模式，即所谓的“1+X”模式。可以说，全过程项目管理是全过程工程咨询的主线和灵魂，在项目建设中具有不可替代的统筹和协调作用，任何不包含项目管理的咨询业务组合不能称之为全过程工程咨询。全过程工程咨询核心是基于项目全生命周期，通过对部分或全部专业工程咨询服务进行有机整合与集成，打造一条环环相扣的价值链，实现工程项目的增值。

二、全过程工程咨询改革

自国务院办公厅于 2017 年 2 月发布《关于促进建筑业持续健康发展的意见》(国办发〔2017〕19 号)提出培育全过程工程咨询要求之后，部委及地方陆续发布一系列政策，鼓励工程咨询企业转型发展全过程工程咨询服务。从政策发布来看，东北、华东、华北、华中、华南、西南、西北等各大区域基本上都有省市级全过程工程咨询政策文件发布，但政策分布并不均衡，北京、上海至今没有出台针对全过程工程咨询的政策文件，东部沿海地区响应度相对较高，整体上呈现“东部引领、中部跟进、京沪酝酿”态势。从工程实践案例来看，通过梳理公开发布的招投标信息及新闻报道，全国各地实践案例中，项目管理、工程监理、全过程造价咨询三项咨询业务出现频次最高，除此之外依次为招标采购和工程设计等。从规范标准的发布情况看，中国建筑业协会曾于 2020 年 10 月份发布《全过程工程咨询服务管理标准》T/CCIAT 0024—2020，深圳市《推进全过程工程咨询服务发展的实施意见》时隔半年多尚未正式发布，发改委、住建部《房屋建筑和市政基础设施建设项目全过程工程咨询服务技术标准(征求意见稿)》时隔一年半仍未发布。由此可见，全过程工程咨询服务仍处于起步阶段，大量规范标准研究及实践能力提升工作需要持续推进。

三、全过程工程咨询价值

从调研访谈及实践反馈情况来看，与传统的工程建设组织模式相比，全过程工程咨询模式优势突出，效果明显。主要体现在组织集成、阶段集成及生态重建等几个方面。

(一)组织集成

对于委托方来说，采用全过程工程咨询服务最大的变化就是与咨询服务相关的招投标、合同数量大幅减少，进而带来沟通协调工作量的成倍递减。委托方与全过程咨询单位之间建立了“一对一”的组织管理及沟通协作关系，责任界面更加清晰，职责分工更加明确，信息沟通更加高效。某种程度上，全过程工程咨询模式重构了建设项目业主方项目管理的组织模式。传统模式下，建设单位需要针对众多咨询服务单位进行纵向、横向的组织协调，占用大量时间，消耗大量精力。全过程工程咨询模式下，咨询服务单位之间的沟通协调进一步由“组织间”转变为“组织内”，全过程工程咨询单位牵头负总责，相互之间职责界面更加清晰，沟通协调更加专业，组织管理效率大幅提升。

如图 1 所示，与传统“自建自管”模式相比，项目管理模式已经产生实质性效果。在项目管理模式下，建设单位面向众多咨询服务单位的沟通协调工作转由更加专业的项目管理单位来承担，但委托方的招标投标、合同商签工作量仍然很大，因为咨询服务仍由委托方招标采购。全过程工程咨询模式则进一步优化了业主方项目管理组织架构，如果同时采用工程总承包模式的话，组织结构将更加精简。

（二）阶段集成

将项目实施全过程划分为若干建设阶段，有利于项目分解及组织实施，但也带来阶段衔接不畅、建设信息丢失、决策顾此失彼等诸多弊端，不利于建设项目的高质量发展。全过程工程咨询模式强调对建设项目的阶段跨越及集成。许多省市都已明确，依法应当招标的项目，可在计划实施投资时通过招标或竞争性谈判的方式委托全过程工程咨询服务。因此，全过程工程咨询真正体现了全过程、跨阶段、一体化理念，从明确建设意图到竣工移交，甚至于运营维护，通过全过程、全方位参与，可以有效实施知识经验复制及全过程集成管控，从根本上规避建设管理风险，提升项目管理水平，有利于高质量发展。

（三）生态重建

公司通过联合经营、并购重组等方式，补充咨询服务能力短板，打造以“设计甲级、造价甲级、监理甲级、咨询甲级”为核心的全牌照工程咨询集团企业，根据项目需要提供综合性、一揽子解决方案，向高附加值的咨询领域拓展。同时，企业也不过度追求大而全，自有资质范围内的业务强调专和精，转委托的业务强调优和强，努力打造健康、专业、可持续的咨询服务生态体系。可以预见，越来越多的工程咨询企业将会通过并购重组、联合经营等方式拓展咨询服务链条，推动整个行业的生态重构。

四、全过程工程咨询实践总结

（一）服务内容

近几年国家和地方陆续出台的一系列政策文件，基本指出全过程工程咨询业务范围可包含招标代理、勘察、设计、监理、造价、项目管理等服务内容。实践操作过程中，究竟采用哪一种方式还需要结合实际情况灵活确定。综合考虑项目需求、企业实际及基本建设规律，公司重点采用了模式 A 及模式 B 两种全过程工程咨询服务模式，具体表 1 所示。

模式 A 不包含规划设计，即技术类咨询由建设单位另行委托实施，将传统的管理类咨询服务整体打包，交由一家单位实施。管理咨询与技术咨询分别交由不同专业技术背景的机构实施，有利于协助建设单位采用最经济有效的建造方案，更好地实现投资和功能之间的平衡。模式 B 同时包含技术类咨询和管理类咨询，有利于满足建设单位综合性、跨阶段、一体化的咨询服务需求，通常采用资质内或联合体方式实施，对全过程工程咨询单位的综合实力要求非常高，尤其需要考虑建设项目的特殊性。相对而言，模式 A 适用范围更广，可操作性更强，咨询服务及工程管理风险更低。当然，实践操作过程中，也可以在这两种模式的基础上进行组合式创新，满足项目个性化管理需要。

（二）组织结构

根据全过程工程服务需要，公司建立了以项目负责人牵头、专业团队分工负责、相互协作的组织管理体系。项目团队组织模式按照项目负责人、设计与技术管理组、招标合同组、造价咨询组、计划信息组、现场管理组、工程监理组的构架进行部署，依托公司后台（总工

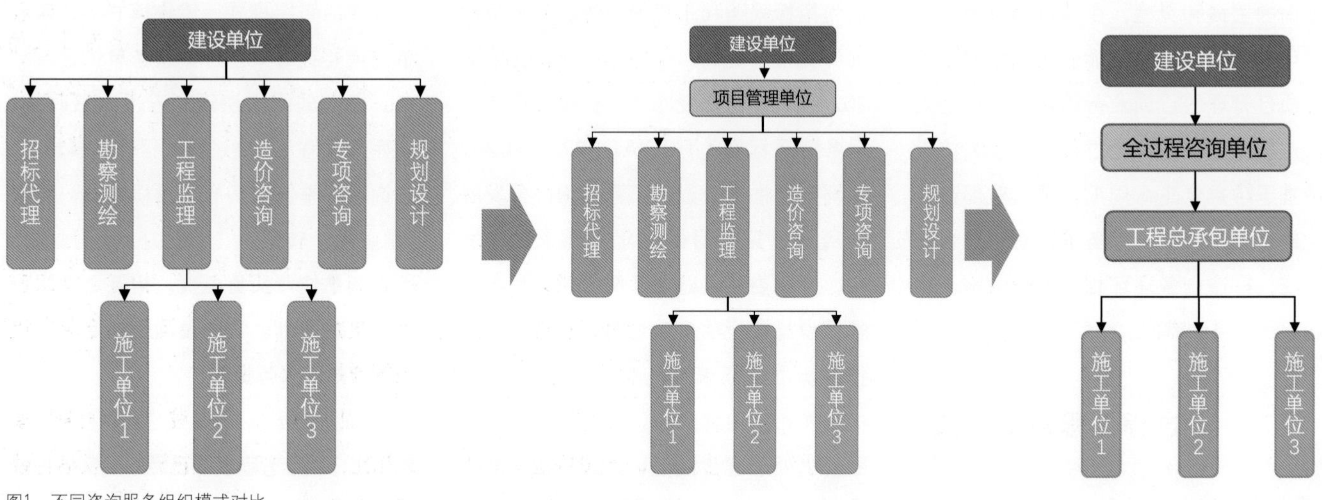

图1 不同咨询服务组织模式对比

办、造价咨询部、计划信息部、数字技术部等）开展专业咨询工作，整体采用矩阵式组织管理架构。项目团队组织结构如图 2 所示。

矩阵式组织结构能够较好地应对复杂工程带来的管理挑战，高效整合企业优质资源，打通组织内部纵横向之间的沟通屏障。目前，随着信息技术的不断发展，跨地域、跨语言的分布式远程协作将会成为全过程工程咨询组织的新方式。以埃及新首都 CBD 城市运营项目为例，公司组建的项目团队分布在北京、上海、济南及埃及开罗四地，整个沟通协作过程自始至终完全通过网络视频方式进行，工作流程、版本控制、沟通协作等传统工作标准均需要基于互联网模式进行重新构建。

（三）管理特色

在坚持项目利益高于一切的文化理念下，公司进一步总结提炼全过程工程咨询服务特色，逐步形成以“策划引领、前后互动、数字赋能”为特色的全过程工程咨询服务发展理念，指导公司项目实施及转型升级。

1. 策划引领价值驱动

策划是全过程工程咨询服务的首要工作，其意义在于明确目标，即站在起点（当前）遥望终点（未来），明确项目的功能定位、标准档次、投资量级、工期节点、商业价值等核心目标。建设项目的特殊性和复杂性，对全过程工程咨询机构的策划能力提出更高要求，单纯依靠个人经验已经无法应对项目复杂性带来的挑战。通常情况下，项目策划应当包括项目定义、组织策划、投资策划、进度策划、招标策划、合同策划、运营策划及其他根据项目需要进行的专项策划。为有效应对复杂性及不确定性，项目策划需要依靠全过程工程咨询机构的知识库、数据库及案例库支持，通过项目对比、案例推理、专家咨询等多种方式，为项目推进提供定制化解决方案。例如，当委托方计划采用工程总承包模式时，如何合理确定工程总承包招标控制价，需要全过程工程咨询机构进行策划研究，从工程概况、编制依据、清单项目、报价说明、方案对比等各个方面进行分析，协助委托方明确招标控制价，进而体现全过程工程咨询的专业价值。同样以埃及新首都 CBD 城市运营项目为例，委托方为进行项目可行性研究，同时委托了包括政策政务、业态租售、法律财税、组织管理等在内的十多项专题策划研究，作为可行性研究的技术支持，深入挖掘项目价值。

2. 前端后台紧密协同

传统工程咨询大多采用“项目部”方式，人员数量根据项目需要配备，独立运行、承担责任。这种方式的最大缺陷是无法有效应对复杂问题和创新挑战。根据全过程工程咨询业务发展需要，公司重新构建组织结构，重构“生产经营、业务建设和行政管理”三大治理体系，职能部、事业部、项目部互为支撑，形成模块式一体化组织架构，将传统的项目部扩展为“1+X”式项目团队，其中，“1”即项目部前台组织，负责全过程项目管理，“X”即公司后台各专业支持，并通过制度、流程、模板及内部交易机制管控，充分发挥前、后台各自的专业优势，互为补充形成管理体系。

3. 数字技术赋能增效

为发挥数据资料的作用，确保各类信息有效共享，公司组织团队开发以云平台大数据为依托、专业信息共享系统为载体，以物联网、移动 APP 为手段的工程信息共享云平台，用于对工程数据资料进行统一共享、分类、建档与监管，实现信

全过程工程咨询服务内容对比　　表1

序号	服务内容	模式A	模式B	组织实施方式
1	前期策划	P	P	资质内
2	可行性研究	P	P	资质内/转委托
3	招标代理	P	P	资质内
4	规划设计	O	P	资质内/联合体
5	项目管理	P	P	资质内
6	造价咨询	P	P	资质内
7	工程监理	P	P	资质内
8	其他专项咨询			由建设单位根据需要委托

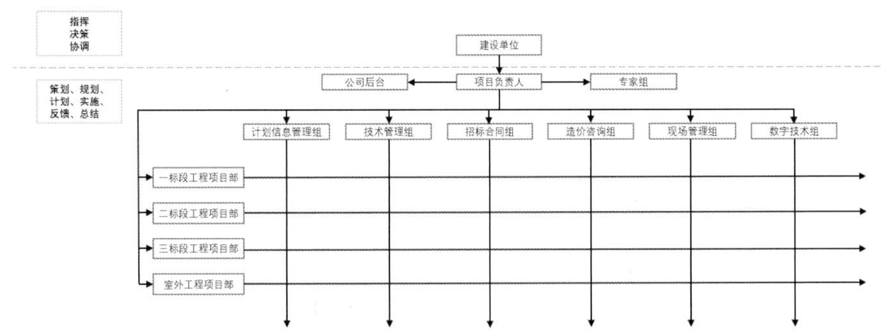

图2　项目团队组织结构图

息资料的规范化管理及在线协同办公。通过数字技术赋能全过程工程咨询，解决跨地域、跨时空、跨专业、跨组织的分布式协作问题。目前，云平台主要承载信息资料集中共享、进度计划总体控制、可视化决策审批（BIM+GIS）、在线协同办公及即时消息推送提醒等核心功能。公司全过程咨询项目云平台主要架构如图3所示。

（四）价值体现

全过程工程咨询服务价值体现在方方面面。和传统的咨询服务模式相比，最明显的变化体现在两个方面。一方面，减少组织管理界面。通过采用全过程工程咨询模式，将原先由建设单位协调众多咨询服务单位的模式变为只针对一家咨询单位，不但降低了建设单位管理人员的管理强度，也为各项管理咨询服务工作的快速反应、快速处置提供了便利，工作效率大幅度提升。另一方面，有效节约投资。作为建设单位最关心的三个建设目标之一，投资控制越来越成为各方关注的焦点。以某全过程工程咨询项目为例，项目团队着重加强前期投资控制力度，将投资控制重心前移，从投资决策阶段就组织实施投资控制工作，取得了显著的经济和管理成效。经初步测算并报建设单位确认，项目累计节约投资已超过2.7亿元，节约数额远远超出咨询服务费用（表2）。

在全过程工程咨询模式下，从项目前期的策划测算、可研估算，到中期的设计投资限额、设计概算、招标控制价，再到过程跟踪、竣工结算等，均由全过程工程咨询单位负责造价控制工作，避免了信息丢失、各自为战、效率低下等传统模式存在的主要问题，有利于突破就投资论投资的局限性和片面性，将投资、设计、质量、进度等进行高度融合，真正实现全过程、集成化管理，从而为目标管控和价值展现提供更多选择空间。

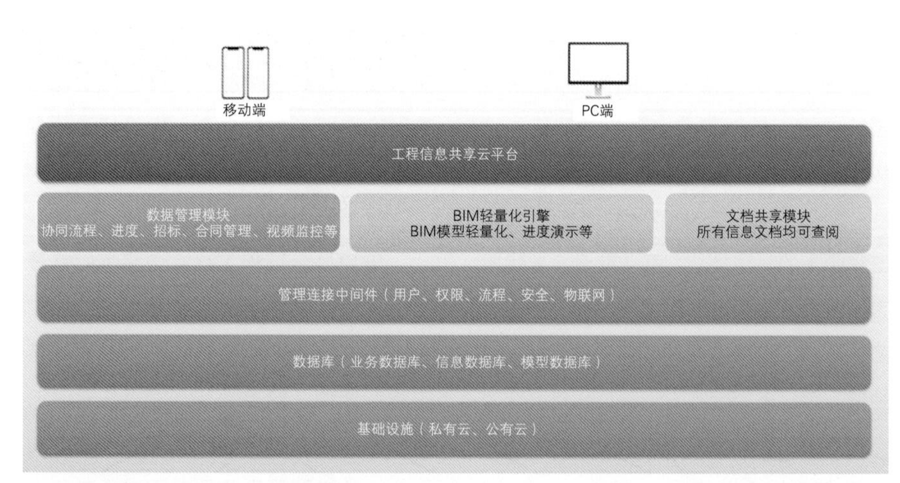

图3　全过程工程咨询云平台主要架构图

五、思考与建议

工程咨询是以信息为基础，依靠专家的知识和经验，对客户委托的任务进行分析、研究，提出建议、方案和措施，并在需要时协助实施的一种智力密集型服务。全过程工程咨询服务转型升级，还需要进行大量理论研究和工程实践探索，需要政府、协会、企业形成改革合力。尤其需要强调的是，各类工程咨询企业应当结合自身实际情况，通过理论学习和标杆学习，强化学习型组织建设、高水平人才培养、标准化制度流程及知识案例库建设，努力探索出一条具有核心竞争能力、能够展现服务价值的创新发展道路。另外，从长远来看，投资、建设与运营之间的全寿命集成化管理将是未来的发展趋势。工程咨询企业应当从战略规划入手，全面构建企业治理与项目管理体系，系统推进转型升级。

各阶段典型案例效益汇总　　表2

阶段	案例	效益
决策立项	实施投资规划	项目立项总投资为17.36亿元。通过组织编制投资规划报告，综合考虑功能定位、建设标准及市场价格等各种因素，建议将项目总投资确定为15.46亿元，经建设单位审核通过，节约1.9亿元投资
规划设计	机械停车工程	项目共设计机动车停车位1735个，经项目团队综合分析，提出按一层地下室建设、使用机械停车的整体解决方案，节约初始投资约3260万元。考虑后期由社会资本方对该地下停车位进行投资、运营，相应节约初始投资4860万元
	充电桩工程	项目在初步设计中明确，共安装汽车充电桩262套，投资约273.5万元。经与项目所在地供电主管部门联系，按照国家及地市相关充电设施建设运营补贴规定，由当地供电主管部门作为设施投资建设运营单位，实施社会化投资运营后，为建设单位节约初始投资约273.5万元
	地源热泵系统	经过多方案比选和社会调查，建议本项目空调系统的冷热源采用综合智慧能源合作的方式，由社会资本方提供供冷、供热运营服务。经测算为建设单位减少初始投资约1520万元
招投标	招标控制价管控	在实施过程中采取合理投资控制措施，以降低建设成本，保障投资效益。例如，措施费包干造价降低约150元/m^2，幕墙铁件预埋使得造价降低约60%~100%，基坑降水工程造价降低约410万元，人工费造价降低约30元/m^2
施工与安装	桩基工程优化	通过对桩基工程进行评审，选择采用预制混凝土方桩，造价约990万元，节约投资约1630万元

全过程工程咨询服务的实践经验

陈先富　赵伟虎
浙江求是工程咨询监理有限公司

一、开展全过程工程咨询服务中遇到的问题

（一）前期报批报建工作。前期工作的相关单位在工作中没有及时沟通造成前期手续延迟。如①水土保持工作，水保方案编制单位沟通相对不够及时，导致未能及时掌握方案编制进度及存在问题；②设计单位接到重新修改文本的通知没有及时认真地修改文本，导致前期手续办理严重滞后。

（二）方案和初步设计技术咨询管理。①方案设计阶段：针对各专业的方案进行比选，目前设计人员普遍对方案设计内的部分施工工序技术不了解，部分技术在国内还不够成熟，且造价偏高，后期维护成本较大；②专业设计方案：由于专业设计方案里面涉及的设备较多，设计人员普遍对参数采用保守、满额的设计，较少采用价值工程法进行方案设计；③基础方案：由于初设阶段只做了初勘，设计人员往往靠经验去设计，造成后期详勘完成后，施工图设计与初步设计的基础形式差异较大，调整基础形式造价偏高。

（三）某项目施工阶段设计优化管理工作。①场地平整、基坑支护设计图存在的问题。原设计场地平整标高高于北侧花园东大道、西侧紫薇中路标高，这不但会增加围护桩高度，而且在今后室外配套施工中，会增加几倍的费用来挖除搬运超高的土石方。②南面原有鱼塘设计图存在的问题。原设计图纸要求将占地近 10000m^2、深约 2m 的鱼塘淤泥进行换填。全过程咨询设计技术管理部结合考虑该区域施工图纸是工程桩承重，地下室底板不承重。③支护形式问题。设计人员未进行现场踏勘就开始设计施工图。南面部位原设计采用支护桩进行围护设计，全过程咨询部认为现场本身已有天然的边坡，且相对稳定，无需进行支护桩围护。

（四）限额设计存在的缺陷。由于 EPC 工程总承包设计施工一体化，很难做到限额设计，存在施工总包单位与设计单位进行内部协商，损害建设单位的利益的现象。由于工程项目涉及精装修、智能化等各专业中的无信息价材料（设备）种类较多，投资占比大、市场价格变动频繁及幅度大，想一次把定价的工作完成是不可能的，这块是施工承包单位的利润点，往往造成双方争议点，对项目实施的进度及投资控制存在较大的风险。

（五）招投标缺陷。协助业主进行总承包模式选择。由于各项目外观、功能结构、使用单位对功能需求不一，项目的实际工程量、功能、设计标准、技术及质量、各使用单位需求变化和专项工程设计图纸等具有较大不确定性。作为全过程工程咨询单位必须有专业的知识和实战经验为建设单位提供优质的服务，但目前很多全过程工程咨询单位对招标投标的管理工作往往忽视，无法为建设单位提供决策的依据，造成招标投标投诉、流标等事项的发生，给建设单位和项目造成很大的损失。

二、解决问题的方案

（一）前期报批报建工作。作为全过程咨询单位及时跟踪推进情况，掌握动态信息。①在工作上要统一思想，高度重视，协调各相关单位相互配合，及时完成报告编制；②督促设计人员及时完善文本内容，使各项资料及时上传，并完成报建工作。

（二）方案和初步设计技术咨询管理。①要配备专业的设计团队与方案设计单位进行多层次深入沟通，并结合国内已有案例进行对比分析，确保最终的设计方案最优。②专业设计方案。对部分设备参数过于保守的情况，全过程设计技术人员应与设计人员沟通，在后续设计过程中进行优化，确保功能满足本项目使用功能需求。③基础专项设计方案。掌握并熟悉当地的地质，并结合以往项目实践情况进行验算，确保数据能

满足设计及安全要求，减少后续优化带来的造价增加情况。

（三）某项目施工阶段设计优化解决方案。①对场地平整、基坑支护设计图进行优化。经方案优化后，利用犁机大场地作业，场地标高再降 1.5m，一步到位，省时省钱；同时，将所有围护桩高度减少 1m 以上，降低冠梁标高，既节约造价，又减少工期，更重要的是在今后室外配套施工中，减少所有管线穿越冠梁、围护桩等混凝土围护体系的破除费用。②南面原有鱼塘设计图优化方案。与建设单位、设计人员进行研讨论证，设计同意原有鱼塘不换填，该建议既缩短工期，又节约费用。③支护形式优化。经与设计人员沟通和现场察看后，同意取消该部位支护桩设计，采用已有的天然边坡。原人防地下室北面及西面墙体是在拟建地下室内，但设计图纸仍采用支护桩围护，后与设计人员进行现场察看和验算，并组织专家进行多方面综合研讨后，要求设计单位取消该部位支护桩设计，以减少不必要的造价投入。

（四）限额设计管理。全过程工程咨询单位建议从以下方面做好限额设计管控工作。①提前确定主要技术、设备、材料，从安全、造价、进度、质量几个维度的优化平衡综合管理项目。在初步设计、施工图设计过程中，充分贯彻“限额设计”的理念。初步设计阶段，对主要工艺、设备、材料进行了技术经济对比；编制初步设计概算时，对主要设备、材料进行了充分的市场调研，以确定概算价格的科学合理。施工图设计阶段，按批复的初步设计概算进行细化分解，在各子项概算额度内进行限额设计，做到总的施工图预算不超过总概算；各子项施工图预算不超各子项概算；个别子项施工图预算超过该子项概算情况下，做好整体平衡方案。②全过程咨询部依据本项目特点，要求 EPC 工程总承包单位编制了本项目专业分包及设备招标采购计划、费用控制计划、资金平衡计划，切实做到事前的充分策划，保障项目的顺利推进。同时严格按照合同约定的编制依据、计价方式和取费规定，编制本项目施工图预算。项目推进过程中与本项目协审单位、建设单位及政府部门进行沟通对接，主动回应各方的疑问，提出专业性建议，做好项目造价的事前控制工作。

（五）招投标管理，协助业主进行总承包模式选择。

EPC 工程总承包模式的项目管理措施和建议：

1. 做实做细项目前期工作。由于每个项目外观特色、功能结构不一，为了能够从方案设计、初步设计、施工图设计、项目施工及运行的全过程中保持连续性、一贯性，让最终展现在大众眼里的建筑成品跟设计最初理念相一致，故需要一个具有设计能力、管理能力、协调能力都较强的团队来完成，因此，在招标中重点要求以设计经验丰富、管理能力强的设计单位来实施。为确保建设目标顺利实现，减少后期的矛盾，建议在初步设计深度达到扩初的要求，概算编制要达到招标控制价的深度后再启动招标工作，以避免项目实施过程中产生较多的争议事项。

2. 建议加强招投标管理。①在招标文件编制时要对项目建造的范围、功能、设计标准、技术及质量要求、工期、竣工验收标准、承包人所承担风险等——清晰描述，尽可能做到准确、全面，避免出现错误和遗漏；②选用适当的合同示范文本，并应结合项目实际情况做出调整，针对性地补充、完善合同专用条款的有关约定，编制形成可操作性强、后续双方可适用合同条款；③根据建筑项目的特点和情况，建议采用固定总价或清单的形式。避免中标后施工承包方提出各项争议问题。如采用固定下浮率形式，建议后续 EPC 总承包单位在实施前必须编制施工图预算清单，以防后续设计单位和施工单位想方设法想把蛋糕做大和采用较多的无价材料，造成争议事项等情况发生，这也将大大增加造价控制风险。

3. 加强全过程监管工作。EPC 总承包模式有其不同于常规建管模式的特点及优缺点，合同双方各有风险。发包人应对其缺点所带来的风险要有充分的了解。为了确保建筑效果、质量、工期达到发包人预期目标，切实防范设计施工利益绑定后带来的潜在风险。尤其对于政府投资项目，发包人仍应制定合理的工作流程，在实施过程中做好监督管理工作，特别是设计管理工作，严格执行合同规定的设计标准、技术要求，加强对材料设备的质量控制，加强对工程施工和竣工图纸的审查，加强竣工验收工作，跟踪工程造价变化情况，防范投资风险的发生。①加强过程设计管理和施工管理。在前期及过程中设计管理和施工管理显得尤为重要，过程中严格审核总承包单位的设计及优化成果、施工组织设计及施工方案等技术资料，各阶段要严格进行限额设计（各阶段的施工图预算不得超过经批复的初步设计概算），以确保项目投资、质量、进度、安全目标的实现。②加强无价材料设备的询价及变更管理工作。③加强项目全过程管理。结合项目总体建设目标，编制项目工程建设进度总控制计划、项目前期报建工作计划、招标采购工作计划等，以指导项目工作有序开展。按科学的项目管理制度及流程去制定及完善管理制度和程序，以规范和指导各参建单位及部门的项目管理工作。

三、监理在全过程工程咨询服务中发挥的作用

（一）全过程工程咨询趋势下，监理就是积极靠拢，向新方向发展。监理在施工前期准备、施工过程管理、竣工验收等方面具有优势。

1. 全过程工程咨询单位应根据全过程工程咨询合同约定，按照现行的《建设工程监理规范》，遵循事前控制和主动控制原则，坚持预防为主的原则，制定和实施相应的监理措施，采用旁站、巡视和平行检验等方式对项目实施监理，并及时准确记录监理工作实施情况。全过程工程咨询单位应组织专业监理工程师审查承包人报审的施工方案，符合要求后应予以签认。

2. 全过程工程咨询单位应按下列程序进行工程计量和付款签证：①全过程工程咨询单位应组织专业监理工程师对承包人在工程款支付报审表中提交的工程量和支付金额进行复核，确定实际完成的工程量，提出到期应支付给承包人的金额，并提出相应的支持性材料。②总咨询师对专业监理工程师的审查意见进行审核，签认后报投资人审批。③专业监理工程师根据投资人的审批意见，向承包人签发工程款支付证书。④专业监理工程师应审查承包人报审的施工总进度计划和阶段性施工进度计划，提出审查意见、并应由全过程工程咨询单位审核后报投资人。⑤全过程工程咨询单位应根据法律法规、工程建设强制性标准，履行建设工程安全生产管理的监理职责，并应将安全生产管理的监理工作内容、方法和措施纳入监理规划及监理实施细则。

（二）监理在全过程服务中要确保本项目在合同工期内完成。保证工程按期竣工是监理的主要控制目标之一。

1. 制定进度控制目标是进度控制的前提和基础，目的是确保工程按合同约定工期完成或提前完工。

2. 审核施工单位提交的施工总进度计划的要点是：对施工单位提交的总进度计划是否满足合同总工期控制目标的要求。

3. 确定关键线路和节点的进度控制目标。

4. 根据施工总进度和节点控制目标核实工程所需各种相关材料、劳动力、机具等资源是否匹配。

（三）工程监理服务。①全过程工程咨询方实施工程监理时，应按相关法律法规及标准要求选派项目总监理工程师，并实行总监理工程师负责制。②全过程工程咨询方应根据全过程工程咨询合同及建设工程监理规范要求，在施工现场派驻项目监理机构，明确监理人员岗位职责，按法律法规、工程监理相关标准及合同要求履行监理职责。③项目监理机构应编制监理规划及监理实施细则，并应按监理规划及监理实施细则要求开展监理工作。④项目监理机构应审查承包方在施工现场的工程质量、安全生产管理制度及组织管理机构，并应检查承包方在施工现场的主要管理人员和专职安全生产管理人员的配备情况。⑤项目监理机构应审查承包方的试验室，审核分包单位资质条件，并应在相应报审文件中签署审查意见。⑥项目监理机构应审查施工管理人员和特种作业人员资格，并应核查主要施工机械的准用验收文件。⑦项目监理机构应审查承包方提交的施工组织设计、施工方案及专项施工方案，并应监督承包方执行施工图设计文件和工程建设标准，按照批准的施工组织。⑧项目监理机构应审查承包方报送的工程材料、构配件、设备质量证明文件，并按规定对用于工程的材料、构配件取样送检进行见证。⑨项目监理机构应审查承包方提交的施工进度计划，并应检查分阶段进度计划执行情况，通过监理例会等形式协调施工进度问题。⑩项目监理机构应审查承包方报送的工程进度款支付申请，并应按相关规定审查工程变更和索赔申请，协调处理施工进度调整、费用索赔、合同争议等事项。⑪ 项目监理机构应审查承包方提交的竣工验收和结算申请，编写工程质量评估报告，并应参加工程竣工验收。⑫ 项目监理机构宜利用信息化手段管理监理文件资料，并应按照档案管理相关要求进行监理文件资料建档和归档。

某大学项目全过程工程咨询服务工作探讨

陈颖
国机中兴工程咨询有限公司

某大学项目，是响应河南省住房和城乡建设厅于2018年8月1日印发《河南省全过程工程咨询试点工作方案（试行）》通知的第一例工程实践。是贯彻落实《国务院办公厅关于促进建筑业持续健康发展的意见》（国办发〔2017〕19号），完善工程建设组织模式，推进全过程工程咨询服务发展，培育具有国际竞争力的工程咨询企业，助力河南省勘察设计行业转型升级的重要探索。

下面结合该项目，谈谈现阶段全过程工程咨询服务要点及新的建设模式下存在的一些困惑。

一、项目概况

某大学项目位于河南省郑州市郑东新区，总建筑面积为29380m^2。其中，地上建筑面积21000m^2，地下总建筑面积8380m^2。地上功能为各类综合教室及辅助用房，地下为车库及设备用房（含人防约1680m^2）。建筑层数为地上5层，地下2层，建筑高度23.9m，室内外高差300mm，为多层建筑。

二、咨询工作

（一）项目咨询部组织架构

七个部门：报批报建、造价咨询、招标采购咨询、设计咨询、工程监理、BIM咨询、信息管理。但是，这个项目规模小，工期紧张，我们一切先为项目进度考虑，基本上是紧跟项目进展，需要什么服务就及时跟上。同时制定了相应配套的岗位职责。

（二）组织编写咨询规划及各咨询组工作细则

（三）主要咨询工作

全过程工程咨询是指“对建设项目全生命周期提供组织、管理、经济和技术等各有关方面的工程咨询服务，包括项目的全过程工程项目管理以及投资咨询、勘察、设计、造价咨询、招标代理、监理、运行维护咨询以及BIM咨询等专业咨询服务”，与之相对应的咨询工作有：报批报建、造价咨询、招标采购咨询、设计咨询、工程监理、BIM咨询、信息管理等，下面分别简述。

1. 报批报建

该项目在总承包单位和全过程咨询单位招标时，咨询合同中没有约定报批报建由我们来主导完成，我们协助业主参与了报批报建工作。项目正式施工时，建设手续都不全，但是政府投资项目，各相关部门都很重视，办理过程中虽然也有难度，相对比其他项目还是比较顺利。本项目所有手续办理用时才3个多月，这也创下河南省建设项目报批手续用时最短的纪录，这也是省领导高度重视，真正把“放管服”落到实处的显著成效。

2. 造价咨询

本项目由监理公司和某造价公司联合体开展咨询工作，造价咨询工作主要由某造价公司来完成，监理公司也积极参与造价咨询方面的工作，包括概算审核、总包合同价组成的审核、进度款支付工程量审核、合同外增加工作的性价比的审核以及竣工结算的审核等。

3. 招标采购咨询

按照咨询合同的约定，我们主导及监督总承包方完成招采咨询工作，所有需要咨询方询价的材料及设备，我们都提前做好询价工作，以便得到合理招标控制价，来指导总承包单位招标，参与监督总承包单位的材料设备的招标工作。当然由于施工工期超常规的紧迫，部分招采工作还是有些滞后，这也是以后需要总结和改进的地方。

4. 设计咨询

1）方案设计阶段：该项目EPC总承包合同里包括了方案设计，实施时业主通过考察及方案比选，又否定了中标方案的大部分内容，业主同意了我们设计组大量的意见和建议，总包方的设计组也参与一起讨论多次最终定稿。

2）基坑支护方案的审核：总包方

原设计是双排桩加冠梁再加止水帷幕，我们设计通过论证认为单排桩加喷锚满足基坑防护要求，此时已经约好了专家论证的时间并且把双排桩的图纸已给专家，我们咨询组更是坚持，最终按照我们的意见重新设计支护方案并且论证通过，就这一项为业主节省约400万元。

3）对初步设计的审核：我们设计咨询组加班加点把总承包单位的初步设计认真做了详细研究，提出来近40页的问题或建议。

4）对施工图的审核：我们设计咨询组更是利用放假时间加班一起讨论，设计咨询组长张院长投入大量的精力，组织各专业工程师加班加点，深入结构等各专业负荷验算，最后提出来60页的问题及意见建议。

5）对各项专项方案的深化设计工作的审核，参与了内装方案、外幕墙方案、智能化深化设计方案、水暖优化设计方案、亮化设计方案、室外道路绿化方案及办公家具用具方案等讨论，均提出了合理化的意见建议。

6）对施工过程的监督：我们设计咨询组也全程参与了施工过程中监督，尤其是设计咨询组长张院长，每周都抽时间去项目现场，有关键问题提出来，及时与业主及总包方沟通协商解决。

5. 工程监理

对于实施阶段的工程监理，都是很成熟的监理程序，重点讲两条对于EPC总承包新的建设模式下，现场出现的问题。该项目由于工期特别紧张，几乎每天24小时施工，我们是全程跟踪监管，即使这样有些材料还没有正式验收就已经用上了，所以过程中与总承包方有很多次意见冲突，我们咨询方作为业主请的专业机构应该为业主负责，在把握大原则的同时，不是大的原则问题可以协商甚至妥协，有两个原则性问题，也许是EPC建设模式下存在的问题。

1）关于外墙窗间墙做法问题，施工图中墙体材料是ALC板，但是总包方施工时，因为施工困难等原因改为加气块砌体，并且没有按施工规范加设构造柱，也没有设计单位出具的变更或其确认的技术核定单，规范要求墙长小于1m的窗间墙应加设构造柱，墙高超过4m时中部需加设混凝土圈梁，现场施工时未按要求加设构造柱、圈梁，不符合抗震设防要求。

2）外窗框固定及窗口上部构造做法与建筑图纸不符的问题，施工图设计窗框固定在窗间墙上，窗口上部为ALC墙板。现场做法为窗框固定在外幕墙骨架的附加方钢框上，造成墙体外围护结构不闭合，窗口上部做法为角钢骨架、岩棉板加纤维板封板处理，此做法无法满足墙体节能保温要求，会形成冷桥，冬季可能出现凝结水现象。

对上述两个问题，设计组长张院长和现场监理人员都口头提出要求整改，总包都以工期紧为由不愿意返工，我们多次签发通知及设计咨询联系单，也进行了经济处罚，总包还是不整改并且继续干。后来我们给建设单位发放了备忘录，明确这些部位的工程量不计量，不验收，影响工程进度我们也不承担责任。这时建设单位也认识到问题的重要性，才坚持让设计院相关人员到现场来解决。设计院人员到现场后也不支持原做法，出具了设计变更。

现场也还有类似的问题，尤其在工期非常紧张的情况下，怎么能把握好大的原则，在保证工程质量和安全的情况下推动工程进展，让业主满意，始终需要我们不断学习，提高各方面的能力即综合素质。

6. BIM咨询

公司BIM咨询组的工程师，利用节假日加班加点，及时做出了碰撞检测阶段建筑信息模型，并出具了质量评估报告。总承包合同中有要求运用BIM技术来设计，尤其是在主体钢结构部分的应用，但设计院的设计节奏跟不上现场的施工进度，工程基本结束时，BIM设计成果还没有出来，也没有用来指导施工，也许这也是目前BIM应用的现状吧，真正起到应用的作用还有待大力提高各参建方的水平。

7. 信息管理

一个项目的全生命周期过程中所需要的文件体系和传统各个阶段分开招标、管理的资料有很大差别，需要不断完善形成系统的规范的程序文件，公司已组织研究团队依托这个项目在做研发课题“全过程工程咨询管理体系文件及软件平台研发”。

三、意义及成效

该项目建设规模不大，但意义重大：

其一是该项目本身的意义，大学建成后，对发展老年教育、积极应对人口老龄化、促进社会和谐具有重要意义。

其二是首个实行EPC总承包项目（交钥匙工程，包括琴棋书画等教学需要的所有教具都备齐），并且钢结构部分是装配式，都是国家及省政府大力提倡推行的建设模式。

其三是首个推行全过程工程咨询服务模式的项目，通过建设单位、EPC总承包方和我们咨询三方的共同努力，从

2018年12月20日开工到2019年9月20日，历经270天顺利竣工并2019年9月23日开学投入使用。

基于这三方面的原因，省政府高度重视，要求在全省都起到了示范作用，黄副省长及王书记等领导都几次亲自来现场视察指导工作，并且明确要求9个月建设完成投入使用。

四、新的建设模式下存在的问题

该项目中涉及新的建设模式，EPC总承包和全过程工程咨询以及装配式建筑，国家及各地方都在大力推行，在一线城市和南方城市已发展得较好，在中部城市并不多，涉及的相关法律法规还不健全，包括现行的建筑法规里咨询方不是责任主体、取费标准等，社会认知度不高，建设单位还是比较慎重，具体从哪个阶段介入，目前是根据业主需要提供咨询服务，这和真正意义上的全过程工程咨询还是有很大差距，在这个项目的实施过程中也有很多问题。

（一）EPC总承包模式定义是“设计+采购+施工”总承包（EPC），承包商负责工程项目的设计、采购、施工、安装全过程的工作，向业主交付具备使用条件的工程。这是最典型的总承包模式。但是该项目，一方面是联合体中标，这也是目前现状，设计院没有施工资质及施工经验，施工单位没有设计资质及设计经验，所以就存在联合体的配合问题，这也是当前向真正的EPC总承包模式过渡的必然阶段，通过这种方式，承包商逐步成熟完善。像该项目的联合体单位某大学设计院，不重视这个小项目，现场设计代表不能到岗配合施工，工期又紧张，就导致施工单位怎么方便怎么变更图纸的局面，总承包方解释为他们内部协商解决，有些问题甚至来不及完善程序，业主对设计方没有合同约束，所以，目前的EPC总承包模式本身存在的不完善，给咨询方的管理带来不少风险。

（二）采用EPC总承包模式的项目，一般应该采用固定总价合同，但是该项目是在概算没有确定的情况下，用估算价进行总包单位招标，是边设计边施工边报批概算，总承包合同相关条款也未明确是固定价格业主明确财政拨款都要用在此项目上，其实给总包单位的信号是钱要花完，一定程度上有过度设计的嫌疑，我们设计咨询方有审核出设计上存在问题的能力，但没有法律法规作为依据来要求总包单位调整，比如该项目有争议抗震设防等级界定的问题，本应该按学校的相关设计规范，但设计方却坚持按无行为能力的养老院或小学学校的设计规范来设定，就这一项主体要多出不少费用，总承包方很轻易地获得更多利润等，这样的一些问题势必会造成国有资金浪费。

（三）正常情况下，业主采取EPC总承包+全过程咨询的模式这两种模式，业主可以通过工程总承包合同约束总承包商，保证项目的各项目标的实现；业主应该不参与总包商的具体工作，项目实施的全过程咨询方进行全方位项目管理，理论上业主自身的管理工作很少，但是该项目业主几乎参与所有材料、设备及办公家具用具招采工作，总承包方觉得参与多了影响他们各项工作计划的实施，甚至影响了他们的既得利益，这也许是当前这种不成熟的EPC总承包模式的必然的现象吧。

（四）本项目的承建及管理模式下，只有三方参建方：建设单位、EPC总承包单位、全过程工程咨询单位，可是现在相关法律法规明确的责任主体还是建设单位、勘察单位、设计单位、监理单位、施工单位五大参建方。本项目在竣工验收时就凸显出这个问题，合同是全过程咨询联合体的牵头人某造价公司与业主签的合同，合同上没有出现监理公司的章（当时与业主沟通多次，业主的法律顾问说这样签没有问题），可是工程资料上又有监理公司的章，验收备案都没有通过，后来又协调解决了，这说明目前推出全过程工程咨询，国家的相关的法律法规没有跟上。

（五）全过程工程咨询收费标准，目前没有正式的收费标准，连指导性文件都没有，其他开展早的省份，有的已有指导性文件，对本省没有指导性，在全过程咨询项目的合同谈判过程中，和业主就有很多分歧，最终我们妥协做适当让步才达成共识，这同样是相关的法律法规没有跟上建设改革模式的步伐造成的。

结语

目前，全过程工程咨询服务模式已在全国展开，但是还没有真正做到为业主提供项目全生命周期的全过程咨询服务，大多还是由造价咨询公司、监理公司或设计单位等几家形成联合体的形式为业主提供“碎片式叠加”咨询服务，没有达到提高建设项目效率和质量的目的，甚至增加了扯皮现象。再加上目前全社会对工程咨询认识不足，所以全过程工程咨询服务的推广，还需要所有相关企业共同努力，提高综合管理能力以及培养高端人才，才能逐步形成系统的管理体系，让全过程工程咨询服务市场不断完善和成熟。

全过程工程咨询服务——三六三医院犀浦院区项目

李福洪　杜秀文
成都万安建设项目管理有限公司

一、项目概况

（一）项目背景

随着经济发展、科技进步以及人民生活水平的提高，人民群众对改善卫生服务和提高生活质量将有更高的要求。本项目建设前，截至2013年，郫县（现已更名为郫都区）户籍人口52.62万人，常住人口77.06万人，拥有医疗机构403个，床位总数为3471张，每千人均床位仅4.02张。按照《四川省2008—2020卫生资源配置标准》（2011年修订版）和《成都市区域卫生规划（2011—2020年）》中提出的："到2020年每千人床位数为7.0张"。由此可见，郫县医疗事业还不完善，差距较大。

《郫县国民经济和社会发展第十二个五年规划纲要》的第七章"全面改善民生"中提出："十二五"时期社会民生改善重点工程中明确"郫县犀浦三级医院建设工程"。

三六三医院老院区位于成都市中心医疗资源最为丰富的武侯区，医院现址占地面积过于狭小，院区已无法再行扩建，不利于医院的长远发展。结合成都市"十二五"医疗卫生资源规划和医院实际情况，基于新址建设发展医院，具有科学规划、合理布局、建设安全、建设快速、不影响业务、建设造价低等优势的考虑，决定异地选址，开辟新院区。

基于以上原因，三六三医院与郫县人民政府经过多次沟通协商，拟定在成都市郫县犀浦镇新建三六三医院犀浦院区，并于2013年2月5日签订了"犀浦三级综合医院建设项目投资协议"。

（二）项目功能目标

为满足成都市城市总体规划、成都市区域卫生规划和医疗机构设置规划，改善成都市郫都区公共医疗服务设施较为欠缺、规模较小、档次较低的现状，经成都市卫生健康委员会批准，新建三六三医院犀浦院区项目，医院级别为三级甲等综合医院。

根据中国卫生健康委员会《综合医院建设标准》建标110—2021和医院建设"立足当前、考虑发展、适度超前"的指导思想，整个工程按"长远规划、一次设计、分步到位"原则进行。

1. 建设规模和功能目标：245130.00m^2。分两期建设，其中一期177330.00m^2，投资131900.28万元，总床位数998张；二期67800.00m^2，投资59289.90万元，新增床位402张。建成后将实现1400张床位三级综合医院诊疗能力，开放床位可达1800张。除日常医疗服务外，预留部分床位用于突发公共卫生事件医疗救治及各类应急处置等需要，更大程度满足病人诊疗、医学教育和临床科研需求。

2. 一期工程分为一期一标段工程和一期二标段工程，其中一期一标段工程建筑面积80607.16m^2，投资64470.98万元，床位数500张；一期二标段工程建筑面积96722.84m^2，投资67429.30万元，床位数498张。一期二标段工程将在一期一标段工程建成投入使用后再行建设。

（三）主要服务内容和项目进度

公司作为四川省建设工程全过程咨询首批试点单位之一，为该项目业主提供了工程咨询、勘察设计咨询（审查与优化）、造价咨询（投资估算）、项目管理、招标代理咨询、工程监理等项目前期决策、项目实施和项目运营全过程咨询服务。该项目于2014年2月正式启动，2015年3月完成可行性研究报告，2015年8月取得项目批复。

本次全过程咨询服务成果为一期一标段工程，于2017年4月正式动工，2019年11月竣工验收，2020年3月正式交付使用。后续一期二标段及二期工程在启动后按照咨询服务合同将继续为项目开展全过程咨询服务。

二、项目推进难点、难题以及对策

（一）钉子户拆除、郫县四中临时雨污水管网迁改、110kV 高压线迁改、防洪渠内电信铁塔拆除

在医院取得该地块的用地手续后，上述问题仍迟迟未能解决。我项目经理部前后几十次组织业主与郫县政府、郫县卫生局、供电局、能源办、水务局、犀浦政府、郫县四中、西汇公司召开专题会议，以明确责任实施方及拆改完成时间，并安排我项目经理部项目管理组管理工程师分别与各单位相关部门跟踪协调，最终落实解决。

（二）勘察设计—施工总承包 EPC 模式招标迟迟不能完成

1. 项目经理部招标代理组根据项目整体推进计划以及项目实际情况，制定项目 EPC 总承包单位招标总体招标策划方案和招标具体实施计划，并严格按照实施计划推进相关工作。

2. 从 2015 年到 2016 年，项目招标过程中出现了异议、投诉、行政复议、暂停等前后三次招标异常情况。针对过程中出现的这一系列问题，招标代理组积极主动应对，分析评估风险，为建设单位出谋划策，合法、合规妥善地解决了相关问题，最终在 2017 年完成了项目 EPC 总承包单位的招标工作。

（三）西华大学湾西路高压线置换的问题

根据项目通电计划、公开招标施工的计划安排以及工期较紧的实际情况，项目经理部总经理亲自与郫县能源办多次沟通协调，了解到郫县地区供电紧张的用电现状，随即协商由郫县能源办出面解决供电方案，与西华大学置换，并做到“置换”不产生费用。经过多次与郫县能源办、郫县电力公司、西华大学协调，最终完成置换，创新性地达到了“三方共赢”的效果，不仅为项目解决了用电需求，而且节约建设投资 460 余万元。

（四）地铁六号线拟改线穿越项目地块的问题

2016 年地铁六号线规划设计阶段，郫都区政府拟主导地铁六号线改道工作，其方案需从本项目地块穿行通过。得此信息后，项目董事立即召集专家委员会进行评估，并组织业主与郫都区政府协商。通过大量艰苦细致的协调工作，郫都区政府最终接受了地铁六号线改道不从本项目地块穿行通过的方案，为业主减少了近 4000 万元的直接经济损失。

三、工作主要创新和突出特点

（一）为该项目成立了专门的“项目董事—决策委员会—现场项目经理部”三级组织管理机构，为高效的工程全过程咨询提供了强有力的组织保证。

项目董事由公司副总经理担任，对该项目的全过程项目管理负总责，为有效并及时调动公司各方面资源解决项目重大问题起到了重要作用。

决策委员会由公司技术专家委员会、经济专家委员会和管理专家委员会组成，受项目董事直接领导，对该项目前期决策、实施及运营全过程提供了强大的经济、管理和技术专业支持，是项目重大问题决策正确性的重要保证。

现场项目经理部由公司任命工程管理经验丰富、具有相应执业资格或高级职称的项目经理担任负责人，组建各项目组，其工作对项目董事直接负责。项目经理部下设项目管理组、工程咨询组、招标代理组、造价咨询组、勘察设计组、工程监理组、合同管理组、资料管理组和 BIM 技术组。项目经理任命每个组的负责人，组负责人对项目经理负责。每个组由组负责人、相应专业咨询工程师及相应咨询专员组成。以此构建了严密的三级管理组织机构，为高效的全过程工程咨询提供了强有力的组织保证。

（二）创建了以“项目全过程咨询工作标准清单”的清单管理模式，并构筑了“工作岗位标准、管理标准和工程技术标准”的框架标准体系。

1. 创建了以“项目全过程咨询工作标准清单”的清单管理模式

为适应工程项目建设新发展需要，通过公司顶层设计，创新性地实施了“项目全过程咨询工作标准清单”的清单管理模式。这也是公司依据该项目管理周期长、协调难度大、专业性强、技术复杂的特点，提出的全面标准化清单式管理新举措。该模式倡导应用科学和系统论的管理方法，推动项目全过程咨询管理趋于规范化、精细化和标准化。

2. 构筑了“工作岗位标准、管理标准和工程技术标准”的框架标准体系

依据该项目全过程咨询要求，构筑了工作岗位标准、管理标准和工程技术标准三大标准框架体系。以项目经理部各个咨询组的每项具体工作、每件具体事务、每项技术要求为单元，结合本项目特点，制定出相应具体的工作岗位标准、管理标准和工程技术标准。其中，工作岗位标准是依据组织机构内各成员岗位职能工作要求制定，它针对的是项目管理的主体责任。管理标准主要针对

项目的管理客体，分项制定相应的管理标准。技术标准主要依据有关法律法规、技术规范，分项、分工序制定出相应的技术标准。三类标准相互关联，构成一个较为严密且完整的项目咨询管理标准体系，使项目一切咨询管理活动都始终处于标准的控制和调节之中。

（三）“双控模式”的造价控制创新方法，为项目降低了建设成本，节约了建设投资。

该项目采用EPC总承包模式进行招标。实施过程中，根据业主既要赶工期又要严控总投资的需求，项目造价咨询组结合项目前期具备一定深度的技术标准要求及初设图纸情况，参考常规设计—施工总承包项目管理过程中的限额要求，通过对模拟清单控制价的充分论证后，创新实施了投标报价、施工图预算价同时限额的成本控制双控模式。

操作办法是在总承包合同中约定投标报价为A价，施工图预算价为B价。在施工图预算完成后，若价格高于投标报价，则按A价执行，价格低于投标报价，则按B价执行。同时为双方的合理控制风险，将变更调整价款单独进行计算。

通过此“双控模式”的造价控制方式，不仅在招标阶段充分调动了投标人的积极性，结合市场情况积极发挥主观能动性，合理分析项目进行限额设计和成本控制，而且又能在合同履行阶段强化承包人管理，控制总投资，产生了良好的经济效益。

（四）利用公司专家委员会优势，在满足设计规范和强条要求的前提下，对设计进行优化，降低项目建设成本。

1. 在满足消防要求确保主楼每一防火分区有一台消防电梯的前提下，将设在主楼防烟楼梯前室的4台电梯优化为2台，节约直接成本约150万元。

2. 在满足幕墙规范及使用标准的前提下，将整个幕墙（27414.19m^2）铝单板厚度从3mm优化为2.5mm，节约直接成本约120万元。

3. 在满足使用功能的前提下，将前入口广场（2349m^2）地面石材厚度从50mm优化为30mm，节约直接成本约25万元。

四、工作效果

（一）项目获得荣誉

该项目建设获得成都市结构优质工程奖，成都市建设工程安全文明工地，四川省二星级绿色建筑。

（二）经济效益

项目投资估算64470.98万元（包括医疗设备设施等），项目建安控制价41199.8144万元，建安结算价37425.8008万元。为了项目运营后期节能增效，尽管增加了大量的设计变更及工程量，但通过“双控模式”造价创新控制方法及设计优化等全过程咨询管理优势，为项目直接节约投资总计3774.0136万元，减少直接经济损失近4460万元。这样良好的投资效益，上述项目全过程咨询创新性方法及专家委员会优势起到了关键作用。

（三）社会效益

三六三医院犀浦院区的建成，对当地城市化发展水平、经济快速发展、区域内医疗卫生事业发展和居民生活带来了良好的社会效益，主要表现在以下方面：

1. 项目位于成都西部重镇犀浦，极大地推动和提高了区域内城镇化水平。

2. 该项目建设规模较大，建设周期较长，项目建设产生的各种费用刺激项目所在地消费市场，促进该地区第三产业的发展，对区域的招商引资、经济发展具有积极推动作用。

3. 项目极大地改善了区域内的医疗卫生条件，带动了郫都区乃至成都市医疗卫生事业的整体提升，对区域医疗卫生事业发展起到了引领作用。

4. 项目建设实施及运营过程中提供的就业岗位，对农村剩余劳动力转入第二、三产业，带来一定的就业效益，也为社会稳定起到了积极作用。

（四）推广应用价值

“项目董事—决策委员会—现场项目经理部”三级组织管理机构，以“工作岗位标准、管理标准和工程技术标准”框架标准体系为核心的“工程全过程咨询工作标准清单”清单管理模式，“双控模式”造价过程控制方法，利用专家委员会优势优化设计的四位一体的创新方法，集成了该项目有效组织、管理咨询标准化、投资综合控制、统一管理与分项分步实施相结合的全过程工程咨询服务体系化管理模式。

该四位一体的创新管理模式，在本项目的实施中收到了良好效果，得到了业主的高度评价，获得了建筑行业多项荣誉，对确保项目如期顺利建成并投入运营、提高参建各方经济效益起到了关键的积极作用。该创新管理模式已在我公司范围内得到推广，其优越性正在各实施项目逐步突显出来。

通过本项目全过程工程咨询服务的实践证明，该模式具有科学性、系统性、适用性和可操作性的特点，是强化工程项目全过程咨询管理的一种有效形式，在行业内有较大的推广应用价值。

YMCC全过程工程咨询业务在工程建设过程中的应用与探索

郑煜
云南城市建设工程咨询有限公司

摘　要：随着我国建筑业快速发展，需要监理企业在立足于施工阶段监理的基础上，向“上下游”拓展服务领域，提供项目策划、城乡规划、项目融资、绿色低碳建筑咨询、投资决策咨询、招标（政府）采购、工程设计、施工图审查、设计咨询、造价咨询、工程检测、工程保险咨询、信息技术咨询、工程风险咨询、工程评价（估）咨询等多元化的“菜单式”咨询服务。《国家发展改革委 住房城乡建设部关于推进全过程工程咨询服务发展的指导意见》（发改投资规〔2019〕515号）的出台，为监理企业“转型升级”提供了另一种选择和方向。本文结合云南城市建设工程咨询有限公司相关项目实施情况，就如何利用全过程工程咨询的核心能力来提升工程建设项目的管理水平提出探索与展望，从而为提高建设工程的全过程管理水平提供可借鉴的经验。

关键词：工程监理企业；全过程工程咨询；转型升级；实践经验

一、企业基本情况

云南城市建设工程咨询有限公司（以下简称YMCC）成立于1993年，是全国文明单位、全国建设系统先进集体、国家高新技术企业，云南省首批“建设工程监理”“建设工程项目管理”试点单位。YMCC具有国家多部委颁发的工程监理综合资质、建设工程项目管理资质（原）、工程造价咨询甲级资质（原）、工程咨询甲级资信、工程招标代理资格（原工程招标代理甲级资质）、政府采购资格（原政府采购甲级资质）、城乡规划、工程设计资质、施工图审查机构资格、基金管理人资格、房地产开发（代建）资质、工程检测资质、建设工程司法鉴定资质等。可为客户提供建设全过程、组合式、多元化、专业化、专属定制式工程咨询服务，是一家全牌照、综合型、集团化的工程咨询服务商。

本文就YMCC如何通过利用“全过程工程咨询”服务的模式，来协助业务委托人提高建设工程的全过程管理水平和工程建设的质量品质相关工作开展情况总结如下，与同行商榷。

二、全过程工程咨询服务内容与组织模式

（一）“一项一策划”充分了解委托人需求

工程项目建设项目从策划、选择、评估、决策、设计、施工到竣工验收、投入生产和交付使用的整个建设过程中（图1），各项工作必须遵循的先后工作次序。工程项目建设程序是工程建设过程客观规律的反映，是工程项目科学决策和顺利进行的重要保证。

由于投资主体性质的不同，业务委托人对工程咨询领域的服务需求也不尽相

同，工程建设项目也未必都是从项目投资决策阶段开始，直至竣工验收为止，这就需要结合业务项目实际情况进行策划和识别。只有充分了解业务委托人的需求，工程咨询企业才能为其持续提供局部或整体的工程咨询方案以及管理服务（图2）。

（二）“一项一架构”满足工程建设需要

在确定了业务委托人的需求后，需要组建与之匹配的管理组织。就目前在我国建设工程实践中，可归纳为咨询式、一体化和植入式三种模式。无论采用何种管理服务模式，全过程工程咨询服务更强调的是项目的策划、综合的管理，各个阶段的无缝衔接，更加需要组织协调、信息沟通，并能切实地为委托人解决工程技术问题。所以，在准确把握业务委托人需求的基础上，要配备合理的专业人员组成项目团队，做到结构合理、运作高效、专业能力强、综合素质高，才能保障服务水平。

以YMCC承接的“昆明高新技术产业开发区科技创新中心（昆明国家生物产业基地创新中心）建设项目”为例。

该项目由新建和改建两部分组成，是一个信息高度集成的智慧化建筑。全过程工程咨询服务范围为包括了项目策划阶段、勘察设计阶段、施工阶段、运营阶段，服务范围包括工程项目管理、工程报批报建服务、工程勘察管理、工程设计管理、工程招标代理、材料设备采购管理、工程造价咨询、工程监理服务、信息技术咨询、风险管理咨询等。

执行项目总负责人负责制，根据业务委托合同的范围和内容，由项目总负责人和技术负责人、专业项目经理团队共同总成全过程项目管理团队，专业项目经理包括：项目管理负责人、信息咨询负责人、总监理工程师和造价负责人。执行项目经理分别管理下设各自的团队，各团队根据建设阶段分不同的专业组别。执行项目经理对项目总负责人负责（图3）。

以上项目管理组织机构具有以下几个特点。

1. 以全过程项目管理团队为管理中心和信息中心

充分利用和发挥YMCC各专业版块咨询业务的专业化管理技能，建立以全过程项目管理团队为管理中心和信息中心的组织架构，做到指令唯一，职责明晰，以保证项目的顺利建设。

在项目立项阶段，全过程项目管理团队所有成员都参与委托人的各项会议，参与项目的决策分析，根据委托人的建设目的和需求，为其提供了“城市更新方案”“智慧化楼宇咨询建议”“建设投融资方案”“建设模式策划”等，最终完成“项目可行性研究报告”。

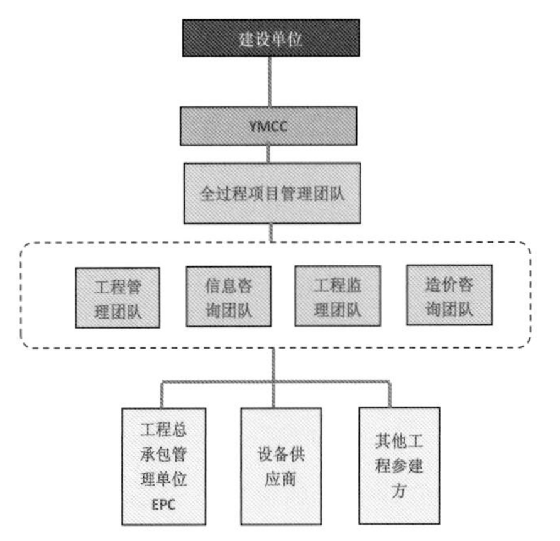

图3　各团队不同的专业组别

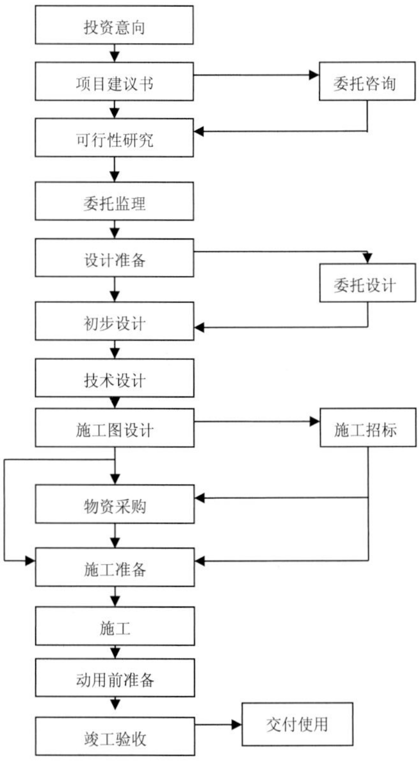

图1　全过程工程咨询服务内容

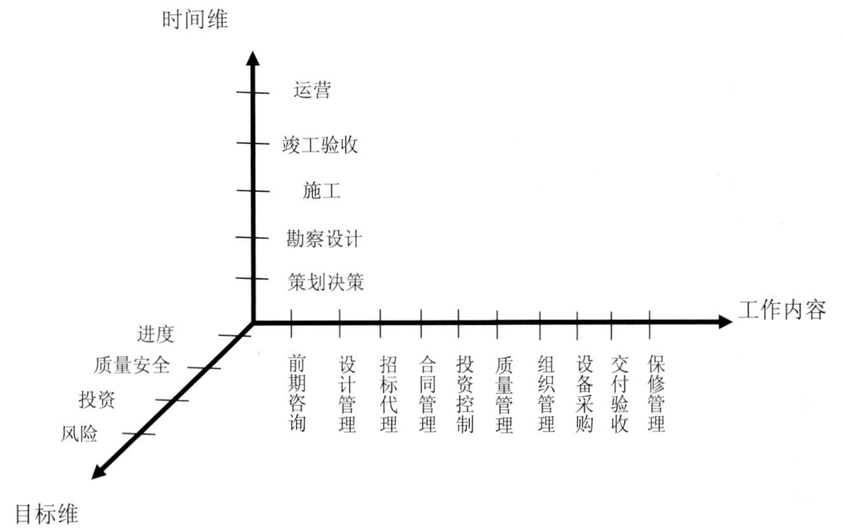

图2　工程咨询方案坐标图

2. 全过程项目管理团队牵头制

由于全过程项目管理团队不存在信息“孤岛”，在各团队间减少了沟通时效，使用的项目在接下来的批准报建、招标投标管理、设计管理、建造管理及造价控制上都能高效地传导工作目标，提高工作效率和服务品质。

3. 减少委托人管理范围提高项目决策

专业化的管理，快速反馈及做出响应，以及诚实守信的服务，打消了委托人的顾虑，原本计划成立的与项目建设的有关管理部门取消，仅安排一名工作联络人与全过程项目管理团队对接。在委托人的充分授权下，委托人的主要任务是督促工程咨询单位确实履行合同委托的项目全过程工程咨询任务，对全过程项目管理团队提出的对重大事件的策划、建议进行决策，从而保障项目顺利推进。

（三）“一项一平台”管控和降低工程建设风险

在全过程工程咨询管理模式下，项目机构根据建设项目的特性及项目管理内容，以目标为管理准线，确定管理团队的岗位职责，明确内外部职责分工，理顺全过程项目管理流程，建立与项目相配套的项目管理手册、过程控制程序文件、标准文件、质量检验文件等。依据文件开展工作，在过程做好文件记录以备审计和检查，并通过记录文件做到可跟踪和追溯项目完整信息。

全过程工程咨询服务的内容更为广泛，每个阶段都会生成大量的资料及信息，这就要求工程咨询企业引入信息化的管理手段，通过收集、加工、整理、存储、传递，让项目管理团队及时掌握准确、完整的信息，更加卓有成效地完成各项咨询服务。

YMCC 作为“国家高新技术企业”“国家科技型企业”，开发了企业运营管理的九大管理信息业务系统，自主研发了用于企业各类业务的信息管理平台和用于现场管理的质量安全评测评价及评测系统等信息管理平台（系统）共计 32 个，全部平台（系统）已取得国家“软件著作权”。

以 YMCC 开展的“银佳大厦（金融中心）提升改造项目”为例。

银佳大厦（金融中心）提升改造项目，位于市中心区域，人流量较大。现场作业面狭窄，不具备安装塔吊等大型起重设备的条件。涉及拆除的网架位于 19 层（61.30m）、屋面（74.80m）以及两层 A 轴外侧装饰连接部分，焊接球网架结构形式较为复杂，局部悬挑达 3.30m，离地 61.30m，拆除难度较大。

该项目使用“YMCC 项目管理”系统，按建设项目资料产生单位分为：基建文件、监理资料、施工资料等，在此平台上，将参建各方融合在一个系统上，进行数据信息的共享、交流和传递，以保证项目目标一致。

在基础上该项目还应用了“YMCC 项目现场安全生产评价管理系统”系统参与网架拆除工程的评估。

我们借助系统，通过统计分析列出涉及网架拆除工程的评估内容。

1. 对屋面钢结构更换及新加玻璃幕墙的结构方案的可行性进行评估。

2. 对原网架拆除对原结构影响进行评估，并提出网架拆除所应遵循的原则。

新设计单位结合评估内容，在钢结构设计说明中对超危大工程需注意事项进行逐一说明。在评估通过后，再次建议建设方结合现场实际，由第三方检测公司对现有实体结构进行结构安全性检测复核，最大限度保障大楼修缮施工安全的可控性。

再次以“昆明高新技术产业开发区科技创新中心（昆明国家生物产业基地创新中心）建设项目”为例。

除应用“YMCC 项目管理”系统将前期、设计、招标、实施、交付等阶段的资料分类管理外，结合项目“智慧化建筑”的特点，我们还应用了“YMCC-BIM 技术应用平台”以及 VR 技术。

以 YMCC 开展的“滇中商务广场（二期）项目”为例。

滇中商务广场（二期）项目，项目拟建场地地处岩溶地貌区，岩溶发育不均匀，岩溶形态洞、管、隙并存，局部溶洞呈串珠状发育，溶洞垂向高度大。拟建建筑物为高层建筑，设计等级高。

YMCC 在该项目研发“二维码”风险管理系统，将专业技术与安全管理有机结合，通过建立“二维码”风险识别机制，编制重大危险源清单，最终达到安全生产、文明施工的目标（图 4）。

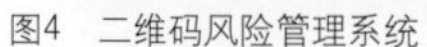
图4　二维码风险管理系统

三、思考与建议

（一）全过程工程咨询和传统的监理业务，对企业的战略、架构、管理制度等都有较大的区别，现有的监理业务而设置的部门，会割裂业务所需的各专业，带来管理上的冲突。工程咨询服务对象主要是项目建设方。全过程工程咨询需要满足业务委托人对项目全过程集成化优质服务的需求，提供多专业优质服务和资源，为业务委托人提供一体化解决方案，降低项目投资成本、规避项目各类风险，实现投资项目价值最大化。这样的服务对咨询公司的要求很高，需要企业内部多专业的高效协同和多专业优质资源的高效组合。因此各级政府应加强对监理行业的政策引导，支撑监理企业转型，向全过程工程咨询发展。除了鼓励监理企业进行转型，还要加大对全过程咨询服务优势的宣传，使建设单位对全过程工程咨询服务有更多了解，积极采用全过程咨询服务。

（二）改变当前各个专项咨询业务实行分别招标的惯例是实现全过程工程咨询落地的重要前提。目前，全面推动全过程工程咨询面临着市场需求不足的问题。有的业务委托人认为没有咨询需求，也有的业务委托人认为咨询企业的能力未必比自己好，多数则仅仅只是把一些专项的咨询打包出去，比如说造价咨询、设计咨询、工程监理等，并不放心让咨询企业统揽大局，做真正的全过程咨询服务。因此，针对建设单位，政府可以制定奖励机制，转变业务委托人管理意识，鼓励其采用全过程工程咨询服务，提升咨询服务的积极性。

（三）全过程咨询涵盖投资咨询、勘察设计、监理、招标代理、造价、项目管理等内容。因此需要工程咨询企业建立和培养全能型、复合型人才储备机制，在项目全寿命周期的每个阶段都配备有专业的服务人员，以满足全过程工程咨询服务要求做好准备。

工程咨询行业多元化的发展有利于行业发展，一些企业以工程监理为核心，将工程监理业务“做精做专”，而一些有潜力的企业则可以在工程监理的基础上，将全过程工程咨询“做大做强”。工程咨询企业可根据企业自身的优势和特点积极延伸服务内容，提供项目建设可行性研究、项目实施总体策划、工程规划、工程勘察与设计、项目管理、工程监理、造价咨询及项目运行维护管理等全方位的全过程工程咨询服务。随着国家和各地政策的出台、试点的推进、实践和探索的开展、经验的积累，全过程工程咨询这一模式将逐渐成熟并得到越来越广泛的应用。

以上是云南城市建设工程咨询有限公司在全过程工程师咨询业务实施过程中的一些交流及几点意见建议，不妥之处，望商榷！

政府购买监理巡查服务业务初步体会

张翼

重庆联盛建设项目管理有限公司

摘　要：本文根据正在实施的一个政府采购质量安全巡查服务项目的践行情况，从业务洽谈、机构组建、工作流程、服务成效等方面总结出对这个新服务模式的一些初步体会。

关键词：政府购买；监理巡查服务

前言

近年来，住房城乡建设部陆续发文掀起了监理转型升级改革的浪潮，引道监理企业向全过程咨询服务转型发展。《关于促进工程监理行业转型升级创新发展的意见》（建市〔2017〕145号），指出了监理企业作为专业咨询服务机构，接受政府质量安全监督机构委托开展质量安全检查的发展思路。2019年9月颁发《关于完善质量保障体系提升建筑工程品质的指导意见》（国办函〔2019〕92号），进一步明确提出了探索工程监理企业参与监管的模式，强化了政府工程质量监管责任，解决建筑工程质量管理面临的突出问题，从而完善质量保障体系，不断提升建筑工程品质。更是在2020年9月发布《关于开展政府购买监理巡查服务试点的通知》（建办市函〔2020〕443号），在江苏等地试点开展政府购买监理巡查，探索政府购买监理巡查服务的模式，进一步支撑了监理企业转型政府购买监理巡查服务业务的拓展。

建筑工程具有持续时间长、流动性大、露天高处作业多、变化大、规则性差等特点，事故频发，建设行政主管部门压力巨大。在住房城乡建设部出具了购买巡查服务方面的指导文件后，较多地方建筑质监、安监部门也逐步试水监理巡查采购服务。那么，政府部门在自身具有完善的监管体系情况下采购监理巡查服务的目的是什么？想要达到什么样的效果？这是我们有意拓展监理巡查服务的监理企业必须考虑清楚的。

近期，公司参与了一个地方住房城乡建设委质量安全服务中心（由原来的质监站、安监站合并组建）的监理巡查服务业务的竞标。在此过程中，我们对政府采购监理巡查服务有了进一步的认识和体会。

一、明确监理巡查服务采购需求

作为代表政府履行建筑工程质量、安全监管的专业机构，各地建设行政主管部门的质量、安全监管机构充当了本次监理巡查服务采购的需求方。在我们与采购方的交流过程中，发现采购方的采购意向十分迫切，除了想要解决处罚权与检查权分离问题，就是想要借助所购买的监理巡查服务来大力改善目前该区建筑市场的质量安全状况。

采购方认为，目前建设行政主管部门对在建工程的监管存在着决监管人员不足、技术力量不足、巡查频率不足、覆盖面不足及专业性不强等问题。而对于巡查服务检查方式、结果输出、巡查频次、巡查深度、参与企业资质、参与资质、巡查结果的系统性和连续性、巡查公正性及取费合理性等问题较为模糊，不能形成明确的采购意向书。

对此，我们多次与采购方交流沟通，直到较为准确地摸清了其真实的采购需求才进行竞标的技术准备工作。

二、质量安全巡查组织架构

采购方本次的监理巡查采购服务是针对该区在建工程中的 30 个高风险工程项目，涉及房屋建筑、市政道路、桥梁、隧道、厂房、学校、办公楼、河道治理、水厂、装饰装修、边坡治理等多类别工程。采购方要求巡查单位针对这些项目的质量安全状况每周提交巡查报告。采购方的付费方式是按每个项目巡查次数计算。

我们根据工作量情况，按照每天巡查 2 个项目，考虑设立一个为本次监理巡查采购服务设立的常设机构，配置 1 名巡查召集人，1 名信息联络员，下设 3 个非固定的巡查小组，组员依据巡查项目的工程类别和质量安全特点临时抽调相关的人员组成。每个巡查组须配备 1 名与巡查项目类别相符合的建委专家库专家。

三、巡查工作流程

（一）巡查计划

1. 总巡查计划由采购方下达。

2. 公司根据总计划制定的巡查实施计划。

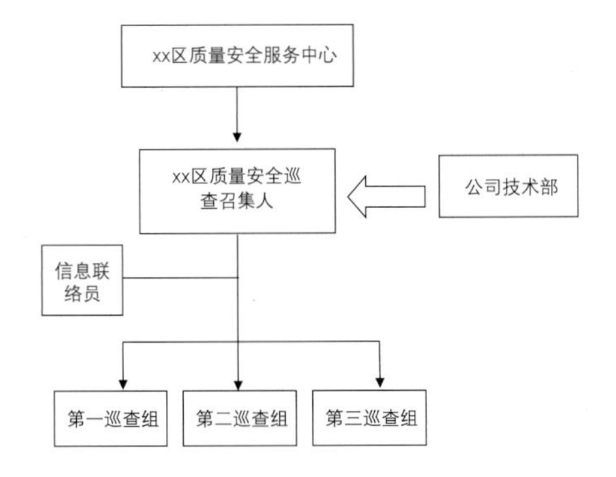

（二）工作指令

1. 采购方每期提前 7~10 日向公司下达“工作指令单”（计费依据），并有采购方同步通知受检项目参建单位。

2. 公司巡查机构接收后以回执形式反馈信息，并启动准备工作。

3. 受检项目参建单位接到通知后有针对性地开展配合工作。

（三）工作准备

1. 公司巡查机构的准备工作包括：

1）项目信息收集。

2）巡查组人员配备。

3）行程及交通工具安排。

4）检查器具配置（个人安全防护用品、相机、笔记本电脑、卷尺、测距仪等）。

2. 受检项目的准备工作包括：

1）工程设计资料（施工图、设计说明等）。

2）内业资料准备。

（四）现场巡查

1. 受检项目负责人介绍当前项目基本情况，并对上次检查巡查的整改落实情况进行回顾。

2. 巡查小组确定现场巡查范围（含专项检查内容）和人员分组。

3. 巡查小组人员严格依照采购方确认的检查内容开展现场检查工作。

4. 受检项目在巡查期间提供必要的工作条件，包括会议室、网络、场内路线引导等。

5. 采购方不定期对巡查过程进行抽查和监控。

（五）数据整理

1. 第三方安全巡查机构按照充分、随机、真实、完整和可追溯原则进行数据整理、统计和分析，形成严谨、公正、客观的评价和结论。

2. 各工程项目部提供协助和配合。

（六）成果提交

1. 公司巡查机构每次巡检作业结束后 2 日内向采购方提交项目巡查报告，采购方负责审定巡查报告，经审定合格后，及时抄送受检项目建设单位。

2. 公司巡查机构每期巡检作业结束后 7 日内向采购方提交总巡查报告。

（七）总结反馈

1. 公司巡查机构根据每期的巡查结果进行总结分析，并提出改善建议。

2. 采购方将情况反馈至各受检项目，各工程项目部针对薄弱环节认真查找原因、组织整改、持续改进。

四、巡查服务成效

公司承接了该巡查服务以来，依据开展了两轮车的质量安全巡查。机构根据每期的巡查结果进行总结分析，并提出处罚及改进建议。比如近期开展的安全专项巡查评价情况的部分内容如下。

（一）本次安全专项巡查在建项目 30 个，其中：

① A 类（90 分以上）9 个，占 30%。

② B类（80~90分）13个，占 43.3%。

③ C类（70~80分）8个，占 26.7%。

对于巡查评价结果，公司巡查组第一时间上报采购方，建议将其与企业资

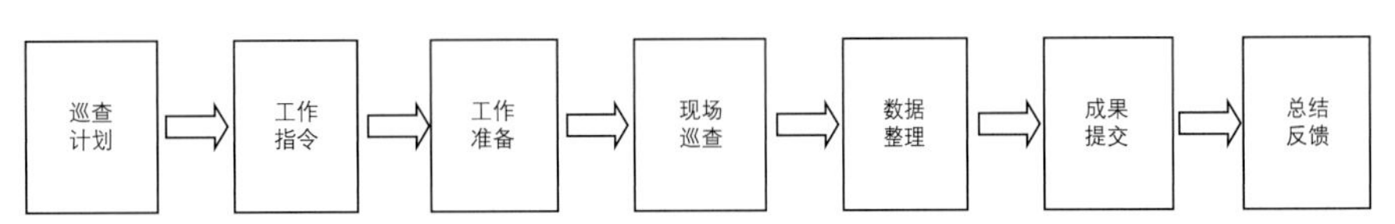

质动态管理、安全生产许可证、三类人员考核合格证、评优评先、政策扶持、信用记录等挂钩开展相应的执法处罚。C类项目建议停工整改，实施差别化管理，视其违法情节依法实施罚款等行政处罚。

（二）安全隐患排查整治情况

上期巡查发现的处于整改中的130条隐患整改122条，整改率94%；剩余的8条未整改项均为同一个项目，已建议采购方结合本期巡查情况指令其停工整改。本期巡查的30个项目共计发现隐患153条，在巡查中整改消除未系安全带、未正确佩戴安全帽等习惯性安全隐患48条，余下105条隐患正在整改中。

（三）采购方根据我们的巡查结果，共对11个项目的参建企业进行了处罚，其中施工企业5个，监理企业1个，建设单位1个，分包单位4个。对施工单位项目经理违法、违规行为，实施计分共3人，下达整改通知书6份。这样巡查的效果与采购方未纳入巡查采购服务的其他项目相比较，发现问题的数量和发现问题的深度明显提高，被巡查项目的参建各方对安全的重视程度有了更大的提升，项目的安全形象也有了较大的改善。

五、体会及建议

（一）建设行政主管部门采购监理巡查服务，对提升在建项目的质量、安全管控效果是有明显的震慑效果的，扩展了采购方对施工项目的质量安全状况的了解深度和广度，持续开展一定会促进施工现场的质量安全管理状况。中、大型监理企业凭借着突出的专业优势、充足的人力资源和丰富的现场质量安全检查实践经验，随着政府购买第三方服务需求的不断增大，给监理企业转型升级增加了突破口。

（二）现有的巡查频次受到采购方的费用限制，与建筑工程具有的流动性、作业点多变、人员变化不符合，跟不上现场的质量安全变化进度，有较大的滞后性。还是应当参照监理全过程监控的方式，实现现场监管，及时发现问题，掌握质量安全动态。

（三）受采购价格低的影响，参与企业无法采取信息化技术手段运用。比如针对巡查项目设置视频监控，对施工升降机等安全风险大的项目设置的操作人员人脸识别系统的使用信息适时共享、用无人机对现场人员安全防护用品使用突击检查等。

（四）周期性的巡查更多的是针对程序、交底、参加各方的日常安全教育、培训、交底、检查、验收、旁站等行为的事后书面资料进行检查，依靠巡查当时发现巡查的质量安全问题，除了少部分是参建单位受技术能力限制而遗漏的问题外，多数是五方责任主体巡查发现而没有落实或无法整改的执行力方面的问题。

（五）目前监理巡查服务采购费用属于财政资金，采购方申请较为困难，也缺乏取费标准等政策支撑，超过一定限额必须公开招标，又会陷入低价招标、围标等危局，而不能选择到真正有能力的单位。长此以往又会影响服务质量，影响巡查服务业务口碑。

（六）政府的针对工程质量安全的巡查服务采购，涉及的项目类别多、工程项目多、时间紧，对巡查成果的要求高。应当针对参与该业务的人员的专业能力、执业资格等设立相应的准入条件，对参与企业的各类专业人员数量设立条件，对参与企业人员中进入当地建设行政主管部门质量、安全专家库的人员数量和擅长专业设立条件。

（七）监理转型为专业的第三方咨询服务单位后，失去了之前建筑法规赋予的法定职责，少了安全责任方面的风险，多了服务质量的要求，也增加了业务的不确定性，更加的社会化和市场化。监理企业需要深入思考政府采购质量安全巡查服务这种新业态面临的机遇和风险，在人力资源架构、管理标准、考核标准、履约能力建设等方面加大投入，尽早适应政府采购巡查服务这种新的服务模式。

（八）监理企业在参与政府采购监理巡查服务的过程中，要充分考虑到政府建设行政主管部门在自身具有较为完善的监管体系情况下采购监理巡查服务的目的是什么，想要达到什么样的效果（解决处罚权与检查权分离？健全采购方现有的监督管理体系？延伸采购方的监督管理？加大对五方责任主体的履职震慑力？）。目前，政府采购监理巡查服务还没有成熟的收费标准、合同示范文本、工作标准等规范性、权威性的指导文件，建议由协会牵头推进，夯实我们开展这项新业务的取费、技术、管理基础。

工程监理企业在承接政府购买第三方监理巡查服务中的实践经验

李挺

宁波市斯正项目管理咨询有限公司

摘　要：本文通过监理企业参与第三方服务的具体实践活动和成效总结，分析了第三方巡查服务与传统监理工作的异同点，阐明监理企业参与政府购买第三方服务的社会效益，能很好地促进工程项目的顺利进行，是监理企业实现转型升级的一个有效途径。

关键词：监理企业；政府购买；第三方服务

引言

随着我国建筑行业改革进入“深水区”，社会对于工程咨询行业的需求更加多元化、专业化，随着城市品质功能持续提升，城乡居民环境持续改善，建筑行业发展呈现良好的态势，民生工程推进加快，服务水平全面提升，要求显著提高。面对如此局面，传统监理行业发展面临的挑战也是近二十多年所未有。新形势下，监理企业必须听从政府引导，适应市场需求，不断提高自身综合服务能力，力所能及地寻求多种发展路径，增强企业抗风险能力，而政府购买第三方服务为监理企业提供了不错的机会。宁波市斯正项目管理咨询有限公司 2021 年初开始参与宁波市鄞州区住建局第三方服务项目，现将实践体会总结如下。

一、第三方服务产生的背景、需求及社会效益

（一）市场和政府需要（外需）

第三方服务是指由独立提供的专业服务商，以第三方的角色为客户提供系列的专业性服务过程，该过程以合同的形式来界定供需二者之间的职责。由于其具有专业性、独立性、契约性和增值性等特点越来越被大型厂矿、房地产企业所采用，为购买服务者增加了决策依据，提高了管理效率。

宁波市鄞州区，建设工程量大面广，在建工程超 400 万 m^2，建筑、市政工程超 200 多个，依据《浙江省建设工程质量监督机构和监督人员考核管理细则》的第七条规定：设区市人民政府建设行政主管部门所属的监督机构不少于 12 人；年新开工监督面积达到 300 万 m^2 以上的监督机构不少于 20 人；监督人员数量占监督机构人数的比例不低于 75%，与施工安全监督合署的不低于总人数的 50%；在建设项目数量急剧攀升情况下，现有区住房城乡建设局安监站人员配备数量远远达不到要求。工程安监监督机构采取向社会力量购买服务的方式，将工程技术服务和辅助性事项委托给具备相应条件的企业单位和其他社会组织承担。

（二）监理企业转型升级发展需要（内需）

目前，监理行业存在的低价恶意竞争、人员配备不到位、监理企业留不住高素质人才等问题依然严峻，在传统监理行业领域得不到根本解决。工程项目分阶段、多主体的建设方式导致工程管理上的“碎片化”，不利于社会资源的节约和优化。2017 年 2 月，国务院办公厅印发《关于促进建筑业持续健康发展的

意见》（国办发〔2017〕19号），首次明确了“全过程工程咨询”的概念；2017年7月，住房城乡建设部颁布了《关于促进工程监理行业转型升级创新发展的意见》（建市〔2017〕145号），强调“工程监理企业服务主体多元化，引导有能力的工程监理企业向全过程工程咨询企业发展，积极为市场主体提供专业化服务。适应政府加强工程质量安全管理的工作要求，按照政府购买社会服务的方式，接受政府质量安全监督机构的委托，对工程项目关键环节、关键部位进行工程质量安全检查”。因此，每一个监理企业应认清形势，顺势而为，尽快抓住转型升级发展的有利时机。为建设主管部门提供专业化的第三方服务是监理人员纵深了解建筑市场、增加建设主体“业主”端信息储备的良好渠道，进而尽快实现向全过程工程咨询发展。

（三）第三方服务产生的社会效益

政府购买监理企业等专业性强的社会单位提供的第三方巡查服务，可以弥补政府主管部门力量不足的问题。第三方巡查单位在检查汇总施工工地安全隐患的同时，提出针对性的解决建议，可以提高施工工地的安全管理水平，并促进建设工程管理的规范化和标准化。第三方巡查单位受政府委托进行巡查，降低了行政色彩，可以避免政府检查机构与参建单位直接发生冲突。

二、第三方服务的工作程序和服务内容

（一）政府购买第三方服务的方式及合同要求

2021年年初，宁波市斯正项目管理咨询有限公司通过政府采购招标的形式，获得了宁波市鄞州区住房城乡建设局第三方安全服务巡查项目为期3年的第三方安全巡查服务。作为新生事物，该项服务没有成型经验可以借鉴，为此住房城乡建设局安监站主要领导做了大量细致的前期准备工作，亲自参与招标文件的起草和审定，招标投标工作细致，目标明确。为响应该招标文件，中标后公司总师办（质安部）立即成立了第三方安全巡查小组，从源头上保证了服务质量。

（二）第三方安全巡查组织架构和流程

人员构成为8人。其中巡查负责1人，巡查工程师6人，业内资料1人。分为两个安全巡查小组，每小组最少3人，根据在建工程危险源实际情况合理调配专业工程师，并由巡查负责人跟组技术支持。

巡查团队工作人员的专业背景及工作经验满足安全巡查工作要求。

签订合同服务内容翔实，违约责任等约束性条款明确，其中服务内容包含13大项、40余小项，违约责任和罚则5条，责权利要求清晰，保证了该项服务在有关法律法规等制度框架要求下有序开展。

（三）机构设置与服务准备

根据合同要求，明确项目负责人、巡查组组长、巡查辅助助工人员及资料专职人员。项目人员集中学习招标投标文件及合同规定工作内容，详细了解工作范围和权限，明确有可为、有不可为的事项，编制安全巡查工作专项方案。为

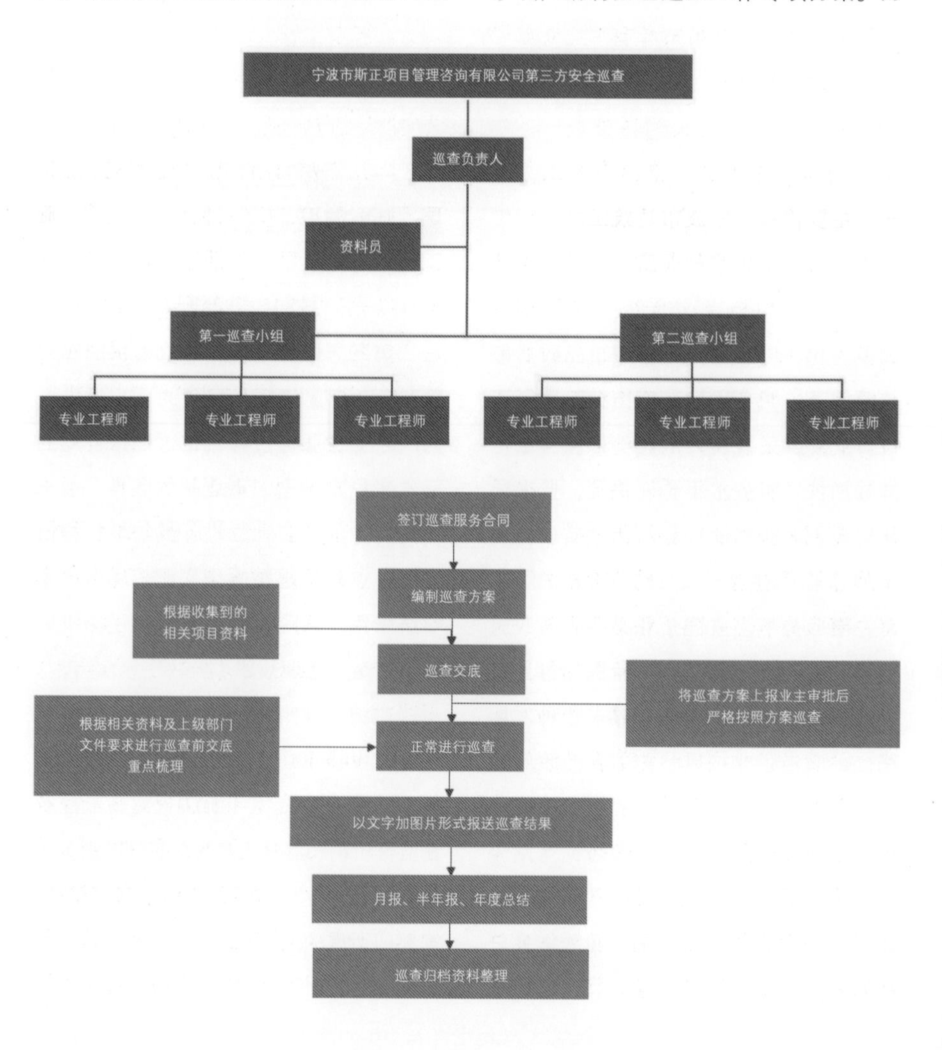

便于尽快在辖区工地开展工作，住房城乡建设局向每一个在建工程下发关于宁波市鄞州区建筑工程第三方安全巡查的有关通知文件，并以“检查中心”名义设置机构名称及巡查区域，宁波市斯正项目管理咨询有限公司巡查区域：白鹤街道、百丈街道、福明街道、东柳街道、东胜街道、东郊街道、明楼街道、潘火街道、邱隘街道等（非本单位监理项目）。巡查机构到施工现场，应表明身份，佩戴指定的安全帽和马甲。

（四）巡查内容侧重安全，兼顾其他

第三方具体服务内容为负责区范围内的工程安全检查、项目安全资料检查、安全方面是工作的中心，主要是核对“强条”内容、危大工程措施到位情况等；同时，结合省市等有关主管部门督导文件，有针对性地做好专项治理督导。宁波作为全国文明城市之一，对扬尘治理工作也是日常巡查的工作之一，主要检查《宁波市建筑工地扬尘治理工作导则》内容的落实。工地标准化建设、起重机械专项检查、“双随机一公开”专项检查、农民工工资实名制核查等工作也需要结合巡查计划落实到位。此外，还要及时应对一些突发性的工作：如疫情防控工作、高温、防台防汛、短期内强气流、极端天气等，这些工作非常考验巡查人员的应变能力，要求巡查人员学习并熟记该类事情相关文件并抓住重点。比如，去年的新型冠状病毒引发的全国性肺炎疫情，当时，南京、张家界等地聚集性疫情已波及多地，疫情防控形势严峻。按照省、市疫情防控工作部署，切实筑牢“外防输入、内防反弹”牢固防线，第三方服务人员接到上级防控任务后，迅速按照住房城乡建设局的严密部署，协助落实各工地防控措施，核查工地封闭管理，落实好六项疫情防控重点工作，建立人员“一人一表”台账记录，对中高风险地区来甬、返甬人员做好隔离管控和核酸检测等措施，以及扫码、测温等信息登记，利用电话、微信等手段下达各级部门文件，同时做好自身防护，工作态度和措施得到了高度评价。

（五）疫情防控工作

检查工地出入口疫情防控登记点的情况、检查疫情防控“一人”“一表”台账、资料等落实情况，以及开展疫情防控相关的专题会议。

（六）安全检查

1. 检查现场各方安全人员在岗情况。

2. 检查工程安全资料。

3. 检查施工现场安全防护情况：基坑支护与临边、临水、塔吊、脚手架、施工升降机或物料提升机、施工吊篮、施工现场临时用电、脚手架、模板支撑、施工人员，办公区、生活区，建筑工地现场标准化管理，市政工程安全隐患排查，短期内强气流等极端天气、台风及主汛期安全隐患排查及其他安全隐患排查等。

4. 每处工地检查完后，将存在的重大安全隐患情况及时报送安监站。每次检查完后，再进行汇总报告（每月月报、半年报、年度总结报告报安监站分管领导，还有微信工作群、专项报告等）。

（七）安全巡查工作中遇到的问题及解决方法

1. 以东部新城核心区 A3-25-2 号地块（宁波中心）项目为例，该项目在主体结构施工中，主楼 3 层钢平台临边防护未设置，主楼 22 层钢平层内杂物、材料及建筑垃圾堆放杂乱，施工通道不畅；电梯井临边防护安全网未挂设，警示标志设置不足等问题。经过两次专项复查，将现场存在的安全隐患彻底整改，确保了施工中安全风险的减小。

2. 鄞州区城镇老旧小区改造一期工程（I 标段）项目由于前期管控力度差，许多安全问题及文明施工问题得不到整改落实，一度近乎失控状态。安全巡查组配合建设主管部门采用行政手段，通过约谈、帮扶等方式提供安全培训等技术上支持，并多次到现场进行安全培训，提高了他们的安全技术水平和认知能力。

3. 鄞州区许多建设项目临时用电安全隐患较多，配电箱检查记录滞后，线路图未张贴，电缆线存在私拉乱接现象，且改后再犯情况较多，主要原因是现场管理人员对“接零保护和漏电保护”概念不熟悉，未做到所谓的“一机、一闸、一保护”。安全巡查小组采集了大量图片、开展安全培训、安全观摩会形式，通过学习交流，使现场此类问题大大减少。

三、第三方服务工作与监理工作的比较

第三方服务与监理的工作对象都是采购人或招标人。

第三方服务与监理的管理对象：第三方服务的管理对象是辖区范围内的所有建设项目的责任主体，而监理的管理对象则是委托人授权的单个单位工程或子单位工程的参建方。二者可以说是整体与局部的关系。

第三方服务是监督落实相关责任主体的行为，有时针对某一领域的督导核查要比监理单个工程的工作更深入细致；而监理则主要是做好“三控两管一协调＋安全履职”工作。

二者的共同处是对于责任主体人的到位和监管。不同之处在于，第三方服务工作是“点带面”，要对辖区内管理能力强弱的代表工程做到心中有数，这样工作起来就会有侧重；而监理工作则是“细而全”。

四、第三方服务对监理工作的促进作用

（一）有利于原有监理业务的深化和提升。第三方服务发现的普遍性问题，可以通过总结，反馈给公司一线监理，有利于在监理工作中及时应用，开展好监理的事前控制。

（二）拓展了工程管理的视野。对工程管理的视角由“仰视”“平视”提升为“俯视”的角度，拓展了工程管理的视野。第三方服务能让从业者挣脱监理行业的传统束缚去看问题，从“旁观者”的角度客观观察监理在工程建设中的作用和地位，进而细化监理工作。

（三）更能及时了解行业发展信息。由于第三方服务能在第一时间接触和掌握到政府主管部门的相关政策等信息，对政府主管部门的阶段性管控重点、责任主体的责任界定和管控措施会有比较直观的了解。

（四）为监理企业转型升级储备人才、积累相关专业知识。工程第三方巡查是监理企业转型升级的一个方向，需要大量的各方面的专业人才。尤其是监理工作所不甚熟知的业主端或建设行政主管部门质量安全管理工作，在住房城乡建设局开展政府购买第三方服务时都会不同程度地有所涉及。

五、第三方服务工作中遇到的困难及改进建议

（一）第三方巡查服务是监理行业转型升级过程中产生的新事物，在全国各个城市都得到了很好的推广，同时也得到了政府部门或业主的肯定。但是目前这个服务项目存在监理企业工作量大而收费标准过低的现实问题。为了使这个新事物能得到持续健康发展，同时打造一支高素质及技术水平过硬的巡查队伍，建议适当提高第三方巡查项目取费标准。

（二）第三方巡查人员由于只有巡查权没有处罚权，为避免第三方巡查工作流于表面形式，没有真正发挥对项目的监管作用，建议进一步完善权限。

结语

公司在宁波市鄞州区第三方建设工程安全巡查服务工作实施过程中，通过日常巡查、专项巡查、跟踪巡查、针对性复查等巡查服务方式，始终以安全监管为主线，充分发挥自身专业技术优势，利用各种有效的巡查手段，为建设行政主管部门提供了独立、专业、客观、公正的安全监管服务。同时也显著提升了安全监管的精度和深度，对工程安全生产管理起到了很好的促进作用。

创新引领开拓进取——西藏住建厅政府购买监理巡查服务工作实践

缪玉国
苏州城市建设项目管理有限公司

摘　要：随着我国建筑行业迅猛发展，政府采购制度不断改进和完善，社会对于工程咨询行业的需求更加多元化、专业化，要求也显著提高，政府购买服务的重要性日益突出，市场化运作成为政府深化改革不可或缺的重要部分。笔者通过参与政府购买监理巡查服务工作实践，谈一些体会，供同行交流。

关键词：政府购买服务；工程质量安全；监理巡查

引言

早在2013年9月，国务院办公厅颁布的《关于政府向社会购买服务的指导意见》（国办发〔2013〕96号）拉开了国家立足“顶层设计”、推进政府购买服务工作的序幕；2014年，民政部、财政部发布《关于支持和规范社会组织承接政府购买服务的通知》（财综〔2014〕87号），全国31个省、自治区、直辖市陆续出台省一级或直辖市区一级政府购买服务的指导意见，政府购买服务被广泛应用于各领域的公共服务供给实践之中；2015年1月，财政部发布《政府购买服务管理办法（暂行）》（中华人民共和国财政部令第102号），为工作的顺利和有序开展提供制度保障；2017年2月，国务院办公厅印发《关于促进建筑业持续健康发展的意见》（国办发〔2017〕19号）；2017年7月，《住房城乡建设部关于促进工程监理行业转型升级创新发展的意见》（建市〔2017〕145号）等政策文件，为监理行业转型升级与创新发展指明方向；2020年5月26日，住房和城乡建设部出台《政府购买监理巡查服务试点方案（征求意见稿）》（建司局函市〔2020〕109号）政策文件，决定在房屋建筑、市政基础设施领域开展政府购买监理巡查服务试点。政府购买监理巡查服务是探索工程监理企业参与监管模式尝试，这种监管新模式有助于发挥监理企业在质量和安全监管领域的专业优势，既是对政府职能实现的一种有益技术补充，同时也是对监理制度创新的尝试，具有开拓性现实意义。

一、巡查服务项目的概述

（一）巡查服务基本情况

苏州城市建设项目管理有限公司，通过市场竞争公开招标的形式中标承接西藏自治区2020年、2021年度房屋建筑和市政工程质量安全辅助巡查服务服务项目。西藏自治区住房城乡建设厅通过购买建筑工程质量安全生产监督巡查服务，进一步压实质量安全主体责任和监管责任，发现处置突出问题隐患，规范工程参建各方质量安全行为，逐步提升全区建筑工程质量和施工安全水平。

1. 巡查服务范围

1）自治区重点建设项目（拉萨市）质量安全巡查服务。

2）拉萨市（含城关区、柳梧新区、堆龙德庆区、达孜区）的建设项目2020年两轮次共巡查157个项目。其中市政工程11个，房屋建筑工程146个。

3）山南市（乃东区、扎囊县、贡嘎县、桑日县、琼结县、曲松县、措美县、洛扎县、加查县、隆子县、错那县、浪卡子县）的建设项目，2021年第一轮巡查了8个县76个项目，其中市政工程 5 个，房屋建筑工程 71 个。

2. 巡查服务方式与内容

1）服务方式

巡查组根据委托单位提供的在建工程项目清单中随机抽取项目，采取“不发通知、不打招呼、不听汇报、不用陪同接待、直奔基层、直插现场”的“四不两直”方式进行。

2）服务内容

巡查组到达随机抽取的工程项目，出示巡查服务告知书和巡查服务证亮明身份，交底巡查服务内容和配合工作要求，听取工程项目概况介绍，围绕建筑工程质量安全行为、在建工程实体质量、施工现场安全、施工起重机械安全运行状态，特别是危险性较大分部分项工程等几个方面，深入现场实体检查，查阅工程技术管理资料，向现场人员询问相关情况等方式开展建筑工程质量安全巡查服务，建立详细工作台账，并对被巡查县（区）质量安全工作进行综合评估，形成翔实的报告。对于巡查发现的重大质量安全隐患问题，巡查服务组须在 24 小时内向自治区住房城乡建设厅提交书面报告（含影像资料），由自治区住房城乡建设厅通知转办地（市）主管部门组织停工整顿，一般隐患问题巡查结束一周内汇总转办处理。

（二）巡查服务特点与难点

1. 西藏地理位置特殊，高原的海拔高度大，大气层厚度、空气密度、水汽含量相应减少，低压缺氧。太阳直接辐射强度大，昼夜温差显著，风力大，多大风，寒冷干燥。巡查组成员头痛、头晕、记忆力下降、心慌、气短等高原反应明显。

2. 民族文化差异大，在数千年的独特文化发展中，藏族同胞渐渐形成了不同于其他民族的文化世界和精神家园，形成了独特的民族风俗习惯，包括工程建设的管理和建造方式。

3. 项目分布广，县（区）之间交通路程长，每轮次巡查覆盖率要求高。自治区重点房屋建筑和市政基础设施项目巡查抽查覆盖率需达到 70% 以上，相关县（区）在建房屋建筑和市政基础设施建设项目巡查抽查需覆盖率达到 60%。其中，所巡查项目涉及含 7 层以上中高层住宅建筑、特色小城镇建设、易地扶贫搬迁工程、保障性住房建设项目、大型公共建筑和商业综合体等建设项目覆盖率达到 100%。

二、巡查服务项目的实施

（一）前期工作

1. 巡查服务准备工作

1）政府购买监理巡查服务作为新业务，行业内尚未有指导性的服务标准，也没有成熟经验可以借鉴。在接受委托后，尽快与政府购买服务委托单位签订合同，立即开展巡查准备工作。

2）在签订合同时，双方需在具体巡查工作内容、工作标准、质量保证、权责划分和奖罚措施等方面做好细致的沟通工作，确保了服务合同内容翔实，违约责任等约束性条款明确，责权利要求清晰，这样才能保证该项服务在有关法律法规和合同框架要求下有序开展。

3）巡查工作开展前，根据合同、招标文件等要求及具体工作标准，组织编制巡查服务实施方案和巡查总体计划，从组织、经济、技术、人员保障等方面制定了相应的服务质量保证措施。

4）巡查服务实施前，会同企业和业界专家，依据合同特点，编制有针对性、可操作性的“建筑工程质量安全巡查服务细则”，并进行集中业务培训、技术交底，巡查组全员与企业签订廉政协议。

5）委托单位向所有监管项目发出“建筑工程质量安全巡查服务告知书”。

2. 巡查服务机构建立

1）组建由巡查项目负责人牵头，下设巡查组的政府购买监理巡查团队，并明确巡查人员职责分工。巡查组负责人由监理企业具有丰富监理工作经验的总工担任，巡查组组长均为多年从事施工和监理工作的资深总监担任。

2）巡查人员需具备丰富的房屋建筑和市政工程现场管理经验，专业水平突出，有 5 年以上从事建筑工程管理或工程监理工作经历，且身体健康等条件。每轮巡查每小组至少有 5 名上以上具备工程师职称人员组成（其中 2 名高级工程师，3 名为不同类别的国家注册执业资格人员），从源头上保证了巡查服务质量。

3）巡查团队与巡查属地对接，明确巡查委托需求，掌握属地项目信息，提出需委托方协调事宜。

3. 巡查服务后勤保障

1）落实办公、生活场所，配备巡查办公设施、仪器设备和交通工具（例如新购置扭力扳手、电阻值测试仪、对讲机等）。

2）巡查服务人员统一定制巡查人员工作服、安全帽和工作牌。

3）预防高反和意外事件的应急物资等。

（二）实施过程

1. 巡查时间批次

每年度巡查均结合施工高峰期、防汛救灾、冬期施工等情况，分别进行组织 2 轮次巡查抽查工作。第 1 轮 7~9 月实施；第 2 轮 9~11 月实施。每次为期时间均在 20 天左右。

2. 巡查过程简述

西藏住房城乡建设厅的政府购买监理巡查服务在巡查过程中，坚持采取“四不两直”方式进行。巡查服务组随机组织专家，直奔随机抽取的工程项目，出示“巡查服务告知书”和巡查服务证亮明身份，交底巡查服务内容和配合工作要求，听取工程项目概况介绍，深入现场开展实体检查，查阅工程技术管理资料，向现场人员询问相关情况。

1）巡查过程紧盯影响当前建筑工程质量安全的危险性较大分部分项工程、实体结构质量和企业主体行为三个方面，巡查组严格按事前制定巡查工作方案进行检查。

2）为确保巡查工作的公平、公开、公正性，参加巡查人员须提前 5 日向委托单位报告，委托单位对巡查组人员进行统一审核、确认，并提供相关巡查服务标准，明确检查深度与尺度。

3）每轮次巡查服务注重问题导向，根据现场检查情况，巡查组建立详细的质量安全问题、隐患清单，对存在重大质量安全隐患和问题的，要实施倒查工作，对项目基本建设程序、招标投标等环节进行全面核查。

4）巡查组在巡查过程中做到客观公正、遵纪守法、廉洁自律，主动接受检工程项目参建各方全程监督巡查服务工作。

5）巡查组在巡查服务期间发现问题，当场建议整改。同时，确保发现重大质量安全隐患问题，在 24 小时内向委托单位报告转办，一般隐患问题在巡查结束 7 天内汇总转办处理。

6）每轮巡查工作结束后，巡查组形成详细的项目质量安全隐患排查表，同时，对所巡查的地（市）、县（区）建筑工程质量安全管理工作形成综合评估报告。当年巡查服务工作结束后，委托单位对巡查组工作开展情况进行总结验收。

3. 巡查创新举措

1）熟悉合同，识别服务的核心目标与内容

在合同签订前后，巡查服务单位进行多次同委托单位（政府、服务对象）会谈，充分沟通，了解委托单位的真实意图和需求，在此基础上编制项目服务计划书、巡查服务细则等，为服务的实施奠定基础指导文件。

2）企业监管和技术支撑

（1）企业分管领导定期与委托单位见面会谈、沟通制度。

（2）领导带班，企业主要领导参与巡查、参与重大事项商讨。

（3）信息化管理，在巡查过程中使用个巡查组统一配备巡查记录仪，记录巡查过程，作为有效的影像资料。

（4）党建下基层，我们坚持质量安全巡查工作开展到哪里，党建工作就推进到哪里。每轮次巡查组成员均有三分之一以上党员组成，广大党员勇于担当、冲锋在前、干在实处，将战斗堡垒建在雪域高原巡查一线。

（5）企业专家团队参与现场服务咨询、技术指导、服务效果考核。

（三）服务成果

1. 合同履约情况

自开展政府购买监理巡查服务以来，巡查服务单位制定“建筑工程质量安全辅助巡查记录表”表单 8 份，已巡查检查项目 235 次，对各单位安全生产管理工作存在的问题，建议工程属地住房城乡建设部门下发整改（停工）通知单 37 份，向委托单位提供各种报告共 42 份。

2. 委托单位评价

2020 年度整个巡查服务周期内，巡查服务单位高度负责、大力推动，迅速组织专业力量深入施工现场，通过高频次、全覆盖的检查方式，圆满完成来各项工作任务，取得了显著成效。为更好地推动自治区建筑业高质量发展，提供施工现场管理水平，提升工程质量安全监管能力起到了积极作用。受到了自治区住房城乡建设厅的书面表扬。《中国建设报》2021 年 1 月也刊登报道了公司参与巡查服务的内容。

3. 企业自身成果

1）通过本次藏区政府购买监理巡查服务，初步建立一整套符合现行规范标准要求的“巡查服务计划书”“巡查服务细则”“建筑工程质量安全巡查服务记录表”等企业标准体系。为今后拓展类似咨询服务奠定技术基础。

2）更能及时了解行业发展信息。监理巡查服务能在第一时间接触和掌握到政府主管部门的相关政策等信息，对政府主管部门的阶段性管控重点、责任主体的责任界定和管控措施会有更直观的了解。

3）为监理企业的转型升级储备人才，积累专业知识。助力企业向全过程工程咨询转型升级。

4）参与政府购买监理巡查服务，可及时总结检查出的问题，并作为案例或培训材料在企业内部进行组织培训。项目监理人员结合案例分析和工作实际，尽量做好事前控制的相关工作，以减少施工过程中的相关问题，同时不断丰富和提升监理工作经验和业务水平，更好地体现监理服务成效。

5）通过本次政府购买监理巡查服务，可以跳出监理视野看问题，既能看到监理在工程建设中的作用和地位，又能看到监理在工程建设过程中的短板和不足，从而对自身企业如何提升日常的监理服务质量和业主满意度有所启发。

三、巡查服务体会与思考

（一）工作体会

见表1。

（二）存在的问题

1. 政府购买监理巡查服务的法律法规还不完善。虽然我国有关法律法规、部门规章或规范性文件已经正式颁布执行，但并没有把政府购买监理巡查服务纳入相关内容，对于政府购买监理巡查服务的理解只限于政府行政机关自身运作相关的各项后勤保障服务。

2. 政府购买监理巡查服务过程不够规范。实践中，政府往往会把监理巡查服务交给与其关系紧密的事业单位、行业协会等机构去做，真正通过招标投标方式进行承接主体竞争的很少；即使有的监理巡查服务项目通过招投标方式

政府购买监理巡查服务工作与建设工程监理工作的比较　表1

类别＼内容	政府购买监理巡查服务	工程监理	区别分析
合同主体	政府：委托人（或招标人） 监理：被委托人（服务提供方或咨询方）	政府：委托人（或招标人） 监理：被委托人（服务提供方或咨询方）	相同
服务工作内容	以工程重大风险控制为主线，对建设项目重要部位、关键风险点进行监测检测和判定，并提出处置建议 主要服务内容包括：市场主体合法、合约有效性识别；危大工程（危险性较大的分部分项工程）巡查；特种设备、关键部位监测、检测；项目交竣工验收建议等	通常以一个或几个单项工程为对象，开展“三控两管一协调＋安全履职”（法定）咨询服务	区别较大
服务提供方（咨询方）企业资质要求	监理综合或专业甲级资质	视工程等级、专业类别，按《工程监理企业资质管理规定》执行	区别较大
技术负责人岗位资格条件	注册监理工程师、注册建造师资格或为工程建设领域专家	注册监理工程师	有区别
服务工作方式	飞检、巡检等工作方式	驻场巡验、旁站、平行检验、见证取样	区别较大
服务工作主要规范依据	尚处探索阶段	《建设工程监理规范》GB/T 50319—2013	
服务成果载体	形成检查报告 （无固定格式文本）	符合法规要求的监理资料	区别较大
服务时间/时限	按需求（合同约定），可以按年度、月、季度或某次	整个、单个单位工程或子单位工程建设实施阶段（开工、竣工、保修）	区别较大
服务属性	在规定的政府采购目录中，按需采购	法律法规规定（超过一定规模和范围），带有强制性	区别较大
服务原则	公平、公正、独立	公平、独立、诚信、科学	部分相同
法律属性	服务委托合同，专业性较强的咨询服务。属于《民法》、《合同法》范畴，违约承担法律后果较弱（民事责任为主）	服务委托合同，专业性较强的咨询服务，且属于五方责任主体之一；属于《民法》《合同法》《建筑法》《安全生产法》等范畴，违约视程度轻重，承担法律后果相对较大（民事、行政、刑法责任）	区别较大
业务获取方式	《政府采购法》规定：公开招标、邀请招标、竞争性谈判、单一来源、询价等	《招标投标法》《政府采购法》《招标投标法实施条例》等法律法规规定：公开招标、邀请招标等	基本相同
服务取费方式	“薪酬+奖励”方式，未出台指导性文件	物价局指导文件，以费率为主	区别较大
合同额	相对小	相对大	不同
工作地点	通常情况下，相对分散，流动性大	通常情况下，相对集中、固定	区别较大
工作流程	因委托人不同，可能存在差异	相对固定	不同
履约评价与反馈	实施绩效管理，探索建立政府购买监理巡查服务单位“红名单”和“黑名单”（构建中）	已纳入市场监管体系，实施的信用评价（较为成熟）	部分相同，对企业影响程度不同

选择承接主体，其整个过程也不会向社会公众及时公布，这就可能滋生腐败等现象。

3. 从目前建筑行业发展来看，具有一定监理巡查水平能够作为承接主体的社会组织和企业数量不是很多，有些社会组织规模较小，同时对应的专业技术人员数量和可支配的资源也非常有限，导致监理巡查服务的能力还是不足。

4. 政府购买监理巡查服务监督机制与评估机制不完善。由于咨询业内尚未出台关于监理巡查服务的完整规范化的操作示范服务指南或标准，服务的标准化程度低也影响到评价监督体系的建立。在购买监理巡查服务的价格评估上，政府部门往往没有制定统一的标准，在监理巡查服务质量的评估方面也缺少一套完整的机制。监督机制和评估机制的缺乏，让一些社会组织在政府购买监理巡查服务时浑水摸鱼、以次充好，最后导致监理巡查的服务质量和市场的认可度出现下降。

四、巡查服务建议

1. 加强法律法规在政府购买监理巡查服务方面内容的建设，做到有法可依。建议出台相关的法律法规、部门规章制，在宏观层面上确立政府购买监理巡查服务的主要方式、购买流程、职责范围等。

2. 转变政府单位的工作理念，深刻认识工作的责任。在“简政放权”的新型公共服务要求下，应深刻认识政府与社会的关系，互相取长补短。

3. 规范政府购买监理巡查服务的程序，实现透明、阳光运行。对政府购买监理巡查服务进行相关规定，依法明确采购方式，根据相关法律法规要求，按照公平、公开、公正的原则从中择优选择承接主体，并在政府指定的网络平台上及时向社会公众公布相关信息。

4. 行业尽快制定有关监理巡查服务的服务指南或标准，建立监督评估机制，完善政府购买监理巡查服务的制度保障。建立审计监督、舆论监督、公众监督为一体的联合监管架构。监理巡查服务质量到底好不好，社会公众是最有发言权的，公众监督是最直接的，所以要引导社会积极地参与政府购买服务监督评估机制。只有建立完整的监督评估机制，政府才能提供质量更高、服务更好的公共服务。

论工程监理企业数字经济的发展

张平　杨正权

永明项目管理有限公司

摘　要：2022年是“十四五”数字经济发展规划落地的关键一年，也是工程监理企业应用信息化数字技术发展数字经济的关键一年。我们要站在新一轮科技革命和产业变革的历史机遇期，大力推进数字产业化和产业数字化，不断做强做优做大我国数字经济，让更多人享受到智慧共享、便捷高效的数字红利。同时，随着数字化、智能化时代的来临，借助智能信息化数字技术的力量，工程监理企业数字经济也要得到快速发展。然而，由于建设工程建设领域的施工与监理企业长期固有的生产与服务模式，使得工程监理企业数字经济发展举步维艰。如何发展监理企业数字经济是一个值得探讨的课题。

关键词：数字经济；数字化；产业化；发展

《2021中国数字经济发展白皮书》统计数据显示：2020年在新冠肺炎疫情冲击和全球经济下行叠加影响下，我国数字经济依然保持9.7%的高位增长，是同期GDP名义增速的3.2倍，成为我国稳定经济增长的关键动力。2021年中国GDP超114万亿元，建筑业总产值29.3万亿元，监理企业营业收入7178.16亿元。永明项目管理有限公司经营总额20.1亿元。未来三年，2024年建筑业总产值将超过34万亿元，监理企业营业收入也将超过万亿元。

我国数字经济发展，尤其是建设工程监理（咨询）企业正面临千载难逢的数字经济发展机遇的同时，也面临着严峻考验和挑战。例如，《“十四五”数字经济发展规划》中指出：关键领域创新能力不足，不同行业、不同区域、不同群体间数字鸿沟未有效弥合，甚至有进一步扩大趋势；虽然数据资源规模庞大，但价值潜力还没有充分释放；数字经济治理体系需进一步完善。尤其是建设工程建设领域的施工与监理企业长期固有的生产与服务模式，使得施工与监理企业数字经济发展举步维艰。

但随着智能化时代的来临，借助智能信息化数字技术的力量，建设工程施工与监理企业数字经济必将得到长足发展。

一、数字经济的定义

那么，什么是数字经济呢？《“十四五”数字经济发展规划》（国务院2021年12月12日）中指出：数字经济是继农业经济、工业经济之后的主要经济形态，是以数据资源为关键要素，以现代信息网络为主要载体，通过数字技术与实体经济的深度融合，不断提高传统产业数字化、智能化水平，加速重构经济发展与政府治理模式的新型经济形态。

数字经济发展速度之快、辐射范围之广、影响程度之深前所未有，正推动生产方式、生活方式和治理方式深刻变革，成为重组全球要素资源、重塑全球经济结构、改变全球竞争格局的关键力量。“十四五”时期，我国数字经济转向深化应用、规范发展、普惠共享的新阶段。

与传统经济相比，数字经济的蓬勃发展赋予生产要素、生产力和生产关系新的内涵和活力，不仅在生产力方面推动了劳动工具数字化，而且在生产关系层面构建了以数字经济为基础的共享合作的生产关系，促进了组织平台化、资源共享化和公共服务均等化，催生出共享经济等新业态、新模式，改变了传统的商品交换方式，提升了资源优化配置水平。从这个角度看，数字经济将极大地解放和发展社会生产力，优化生产关系和生产方式，重构产业体系和经济体系。

在这样的背景下，加快推动建设工程监理企业数字经济发展、打造建设工程监理企业数字经济新优势是我们的主动选择。

二、数字经济的构成

“十四五”规划和2035年远景目标纲要提出：“加快推动数字产业化”“推进产业数字化转型”。这是以习近平总书记为核心的党中央把握世界科技革命和产业变革大趋势做出的战略部署，为我们打造数字经济新优势指明了方向。那么，数字经济是如何构成的呢?

一般来说，数字经济是由数字产业化和产业数字化两部分构成。数字产业化是指数据要素的产业化、商业化和市场化，是数字技术带来的产品和服务。永明项目管理有限公司的筑术云产品属于数字产业化。产业数字化是指利用现代数字信息技术、先进互联网和人工智能技术对传统产业进行全方位、全角度、全链条改造，使数字技术与实体经济各行各业深度融合发展。例如，应用筑术云智能信息化数字技术，给企业的经营带来了业绩成倍增长和效率大幅提升。

永明项目管理有限公司的筑术云智能信息化数字技术的发展和应用，使得企业的生产活动能以数字化方式生成可记录、可存储、可交互的数据、信息和知识，企业在经营中的数据由此成为新的生产资料和关键生产要素。筑术云与互联网、物联网等网络技术的融合应用，使抽象出来的数据、信息、知识可以在不同单位建设主体间流动、对接、融合，深刻改变着传统生产方式和生产关系。筑术云信息系统与人工智能、大数据、云计算等新兴技术的融合应用，使得数据处理效率更高、能力更强，大大提高了数据处理的时效化、自动化和智能化水平，以此推动建筑领域和监理（咨询）服务业经济活动效率迅速提升和经济快速发展。

数字技术的研发、数字产业化的发展，可以推动传统产业数字化转型，一方面，可以打破传统产业的生产周期和生产方式，使企业能够借助互联网广泛的数字连接能力打破时空局限，将产品和服务提供给更广泛的用户和消费者，提升企业产出效率，推动企业生产规模扩大；另一方面，能够让企业有效利用现代数字技术精确度量、分析和优化生产运营各环节，降低生产经营成本，提高经营效率，提高产品和服务的质量，创造新的产品和服务。可见，运用数字技术对传统生产要素进行改造、整合、提升，将大大促进传统生产要素优化配置、传统生产方式变革，实现生产力水平跨越式提升。基于此，永明项目管理有限公司的筑术云智能信息化数字技术产品在不断地研发、迭代升级中，被社会广泛推广应用。筑术云专家在线、远程会议与培训、网络办公、系统检查验收、可视化管理等新方式加速推广，互联网平台日益壮大。

三、数字经济的发展

（一）面临的新形势新变化

《“十四五”数字经济发展规划》指出，当前，新一轮科技革命和产业变革深入发展，数字化转型已经成为大势所趋。发展数字经济是把握新一轮科技革命和产业变革新机遇的战略选择。数字经济是数字时代国家综合实力的重要体现，是构建现代化经济体系的重要引擎。世界主要国家均高度重视发展数字经济，纷纷出台战略规划，采取各种举措打造竞争新优势，重塑数字时代的国际新格局。

（二）数字经济发展优势

发展数字经济，永明项目管理有限公司具有多方面的独特优势：公司历时二十年的发展，已在全国布局具有一定市场规模的分支机构300家，业务范围遍及全国各地，经营板块包含全过程工程咨询、工程监理、招标代理、造价咨询及政府购买服务，每年上千余个在建项目，数量位居全国同行业第一，这些都构成了数字经济的强大需求支撑。总而言之，永明项目管理有限公司所经营的四大板块所产生的数据是数字化、智能化时代的生产要素，为公司投资研发的用于建设工程全过程管理的筑术云信息化产品与大数据、物联网、云计算、人工智能等融合应用、创新发展奠定了坚实基础。因此，永明公司研发应用筑术云信息化产品拥有海量的数据资源，数据挖掘和数据开发潜力巨大。去年，广联达公司已与永明公司合作建立造价咨询数据库。

目前筑术云4.0智能数字化技术新产品已启动上线研发，不久将通过筑术云产业互联网实现项目工程参建各方资源共享。过去研发的筑术云3.0已基本完成各功能架构，新研发的筑术云4.0智能数字化技术新产品，真正实现了一部手机管工程的数字化市场需求。“一机在手，工程无忧”。这一数字化、智能化功能的实现，将彻底改变工程人“凭经验施工，凭良心干活”，监理人“凭经验检查，凭良心验收”的现象，全面走向规范化监理、监理规范化、数字化发展轨道。

新研发的筑术云4.0版，还可以为施工单位（项目）自检、监理（咨询）单位、政府建设主管部门及行业协会在开展定期检查活动中提供规范化、标准化的由系统自动生成的质量、安全检查表和整改表单，解决部分专家及管理人员因专业技术水平低而检查不到位现象，减轻专家们的工作强度。同时，筑术云4.0产品数字技术与人工智能、物联网等新兴技术的有机结合及应用，与参建各方共同打造智慧建筑、智慧城市，进一步推动社会生产力发展和生产关系变革。

从产业发展规律来看，任何一个产业的兴起都需要强大的基础支撑。特别是新冠肺炎疫情暴发以来，数字技术、数字经济在支持抗击新冠肺炎疫情、恢复生产生活方面发挥了重要作用。面对西安2021年12月23日突如其来的疫情，永明项目管理有限公司充分发挥筑术云智能信息化数字技术产品优势，构建“人—网—物”互联体系，加强与全国各地分支机构互联互通，公司总部人员在封控的小区里居家办公，为客户、为社会继续做出力所能及的贡献，为企业数字经济发展提供强有力的数字技术支撑。

数字经济具有高创新性、强渗透性、广覆盖性，不仅是监理（咨询）企业新的经济增长点，而且是提升监理行业改革的支点，是构建监理企业经济增长体系的重要引擎。发展数字经济，需要我们把握数字化、网络化、智能化方向，推动公司数字化经济建设，利用互联网新技术对传统项目管理的方式方法进行全方位、全链条的改造，提高全要素生产率。

（三）数字经济发展要素

《“十四五”数字经济发展规划》指出，数据要素是数字经济深化发展的核心引擎。数据对提高生产效率的乘数作用不断凸显，成为最具时代特征的生产要素。数据的爆发增长、海量集聚蕴藏了巨大的价值，为智能化发展带来了新的机遇。协同推进技术、模式、业态和制度创新，切实用好数据要素，将为经济社会数字化发展带来强劲动力。发挥筑术云数字技术对经济发展产生放大、叠加、倍增作用。这是一个“数字化”和“产业化”双向融合发展的螺旋式上升过程。

（四）企业数字化转型升级

《“十四五”数字经济发展规划》指出，引导企业强化数字化思维，提升员工数字技能和数据管理能力，全面系统推动企业研发设计、生产加工、经营管理、销售服务等业务数字化转型。鼓励和支持互联网平台、行业龙头企业等立足自身优势，开放数字化资源和能力，帮助传统企业和中小企业实现数字化转型。推动企业上云、上平台，降低技术和资金壁垒，加快企业数字化转型。永明公司早在2016年就已经实现企业数字化转型升级，在同行业中起到引领作用。

（五）数字产业化发展

2022年，永明项目管理有限公司将大力推进筑术云专家在线服务平台建设，推进全过程工程咨询和造价咨询版块向数字产业化发展，立足筑术云智能信息化数字技术突破和市场用户需求，加速筑术云产品迭代升级，增强筑术云产品竞争力。因此，我们要着手建立“四库一平台”。

“四库一平台”，全过程工程咨询数据库、监理资料数据库、招投标数据库、造价咨询数据库，简称四库，一平台就是筑术云智能信息化管控平台。

1. 全过程工程咨询数据库。一方面是应用互联网模式向用户提供全过程工程咨询技术数据信息，供用户在线编制时选用；另一方面是筑术云专家在线服务平台上的全咨项目可研专家，通过筑术云产业互联网—专家在线平台向用户提供项目各类文件资料的编制交易服务，获取用户满意的所有全过程工程咨询（包括项目管理）前期和后评估资料。

2. 工程资料数据库。随着信息数字化、智能化时代的发展，结合同类产品存在的缺陷，筑术云信息化数字产品是建设领域工程管理类软件，是唯一一家为建设工程参建各方使用的多功能信息化数字产品，基于为广大建设者和政府主管部门快乐工作而服务。

工程资料数据库，一方面向用户有偿提供各个分类工程和各专业工程数据信息，供用户在线编制时选用；另一方面是筑术云专家在线服务平台上的专家，通过筑术云产业互联网—专家在线平台向用户提供在线编制各类工程资料的交易服务。

3. 招投标数据库。通过两方面向用户有偿输出各类施工、监理（咨询）大纲等技术文件。一方面是通过应用各类施工、监理（咨询）技术数据信息，供用户在线编制时参考；另一方面是筑术云专家在线服务平台上的专家，通过筑术云产业互联网—专家在线平台向用户提供投标文件的编制、购买等交易服务，获取用户满意的施工、监理（咨询）大纲等技术文件。

4. 造价咨询数据库。第一，收集各地区已完工程项目资料及造价数据，并通过数据分析，形成不同地区、不同地域、不同项目类型的造价指标库以及材料价格库。为项目建设方在投资控制方面提供有力的数据支持或方案参考，向施工单位提供成本控制数据支持，同时向建设项目第三方提供工程造价咨询数据支持等交易服务。

第二，是应用筑术云造价知识库里全国各地区各阶段的造价计价规范、法律法规文件以及造价作业过程遇到的问题及相关解决方案，向用户提供在线编制造价咨询文件有偿服务。

第三，是筑术云专家在线服务平台上的专家，通过筑术云产业互联网—专家在线交易平台向用户提供算量、计量、计价、造价咨询、成本控制、项目全过程造价咨询等交易服务。还可以解决造价咨询行业“有活没人干、有人没活干还要发工资”等不均衡问题。

（六）企业数字经济发展目标

1. 永明公司筑术云数字化产品不断研发、迭代升级，日渐成熟，到2025年，永明公司数字经济将实现建设工程领域全覆盖，数字经济占经营总额的50%，数字化创新引领行业发展能力始终保持在领先地位，智能化监理水平明显增强，数字经济竞争力和影响力大幅提升。

2. 筑术云四大数据库基本要素、数据资源市场体系全部建成，建设工程领域利用筑术云数据资源推动建设工程施工、管理全价值链协同发展。筑术云在线专家收入过百万元，团队收入过千万元。

3. 公司产业数字化转型迈上新台阶。数字化、网络化、智能化更加深入各项目监理全过程，产业数字化转型的支撑服务体系全面完善，规范化监理体系得到普及，不规范的监理行为得到彻底改变，监理的工程质量、监理服务质量显著提高，施工安全得到根本性的保障。

4. 筑术云数字产业化自主创新能力显著提升，数字化产品和服务供给质量大幅提高，核心竞争力明显增强，基本满足用户需求，在全国建设工程领域处于领先优势。

数字经济事关建设工程监理企业发展大局。今天，抓住数字经济发展的时代先机，抢占未来发展制高点，把握数字经济发展趋势和市场规律推动监理企业数字经济健康发展。加快数字化产品研发，实现数字化产品与互联网、大数据、云计算、人工智能、区块链等技术深度融合应用，以数字化产品为引擎，打造建设工程监理企业数字经济发展新高地。

结语

数字经济是一种社会化水平更高的基础性、创新性的经济模式，对未来市场经济竞争有着重要的影响。我国数字经济发展总体水平和质量，与发达国家相比还存在较大差距，尤其是在建设工程领域。因此，在大力发展数字经济的过程中，政府应大力扶持有研发能力的企业对数字技术产品的研发，鼓励从事工程建设领域的施工和管理企业应用数字技术，确保数字经济高质量发展。

数字经济已经到来，我们要接纳和拥抱数字经济，发展数字经济，以顽强拼搏的创新精神，迎接智能化时代的挑战。

参考文献

[1] 来源于人民网、央视网、人民日报、光明日报。

政府采购服务在脱贫攻坚中的延伸

王海波
山西协诚建设工程项目管理有限公司

背景

为破解政府基层安全监管队伍中存在的监管人员不足、专业人员缺乏的难题，提升安全隐患排查治理能力，有效防范重特大事故的发生。

某区级政府公开采购第三方安全技术咨询服务，开展针对性的安全技术服务，充实基层安全监管力量，提升安全生产综合治理水平，排查治理隐患，遏制重、特大安全生产事故。

公司为某市所辖区域内 290km^2 范围提供第三方安全技术咨询服务，辖区内有工业企业、施工企业、非煤矿山企业、机械加工企业、仓储物流类企业、食品药品生产企业、危化品企业、民爆企业、中小学幼儿园、网吧影院等 556 家单位，还有众多的村镇集体和个人小微企业。

安全技术服务团队从基层管理、现场管理方面，深入开展安全管理系统排查，从中发现企业安全基础管理的缺陷及现场管理的薄弱环节，提出意见并限定期限加以整改，并针对性地开展安全知识培训，帮助企业建立健全安全管理制度，制定应急处置方案和风险防控技术措施。

一、政府采购的咨询服务是落实“以人民为中心、为人民办实事”的技术保障措施

“没有安全生产就没有阖家欢乐；没有安全生产就没有长治久安；没有安全生产就没有共同富裕”。

公司派出安全技术服务团队，对辖区全区各行业安全隐患开展了“地毯式”排查，专家团队在日常安全隐患排查过程中，首先从企业规模、安全管理体系建设、安全管理机构设置及人员组成、操作工艺、设备设施、现场安全环境管理等方面进行深入细致地摸底建档建册，接下来通过“坐诊把脉”的形式，为企业隐患消除和整改提出具有针对性、可操作性的整改措施，同时限时进行整改回头看，落实回头看。发现隐患和整改落实均拍照留存。

2021 年共计排查企业 2825 家次，检查一般隐患 7427 项，已整改 4258 项，整改中 3169 项，整改率为 57.3%。其中安全管理类隐患 1909 项，占比 25.7%；电气安全类隐患 2179 项，占比 29.3%；消防安全类隐患 2276 项，占比 30.6%；设备设施类隐患 163 项，占比 2.2%；建筑结构类隐患 325 项，占比 4.3%；危化品类隐患 99 项，占比 1.3%。

二、与辖区政府安监机构共谋“保一方平安”之策

为明确企业安全生产责任及属地政府监管责任，专家团队配合基层安监站对八大类企业进行摸排、更新、分类，建立“三落实”台账，从企业规模、安全管理机构及人员设置、安全管理体系、现场环境管理等方面开展细致摸底，建立共享平台，形成“区域内企业摸底信息表”，注重信息更新，掌握实时信息，形成动态跟踪机制，作为社会、政府、企业对安全生产管理、监控、监管的基础资料，也为各级制定相应计划措施提供参考指标和共享数据。

结合数据分析，安全隐患主要集中在安全管理体系、电气安全管理、消防安全管理三方面。为此制定专项工作方案，既对隐患不放过，更对重点、重要、危化品等场所增加检查频次，狠抓隐患整改，有效提升安全生产目标的落地落实。

三、践行“共同富裕”，以“帮扶”为手段的共建案例

1. 2021 年 4 月 19 日，公司收到落

款为“槐树村养殖场某某某”的感谢信。送感谢信的是当地养殖孵化场的普通农户，感谢事由是公司专家团队中的一支专家组对该孵化场进行安全检查时，孵化场主人某某某面对孵化设备损坏，一筹莫展，不知所措之际得到了专家组的帮助（感谢信原文：“抱着试一试的态度，向专家组提出帮忙检修的请求，未承想专家组当场检查，初步查明故障原因提出维修意见，义务三进养殖场，自带检测设备、维修工具现场处置，最终排除了隐患，孵化器得以正常运转。经过21天的孵化，于4月18日第一批雏鸡1000余只已出壳”）。专家组义务帮扶农户排忧解难的实际行动，在当地农户中广泛传播，赢得一致好评。表面看是小事一桩，其实是贯彻习近平总书记“为人民办实事”理念的真正落地和践行。

2. 2021年10月2日以来，辖区范围内突然遭遇百年一遇的强降雨侵袭，导致众多农村自建房在极短时间内发生重大安全险情。公司党委、领导闻讯后，迅速安排正在避险的各专家组，成立以六个党小组为核心力量的攻坚队伍，以最快的速度行动起来，与报信、报警的村支部、村民一起对危、害、险类住宅冒雨进行一一排查，并结合现场实际情况给出专家意见。对承重构件断裂，承重墙下沉、开裂，地基、地面塌陷，房梁局部开裂持续增大等重大隐患，与村支部、村干部一起及时指导人员撤离、转移；对有问题但短时间内还能继续使用的农房向村干部、村民提供判断建议和继续观测要点，使村民得以放心使用。没有造成过多的恐慌，避免了更多的人力、物力、财力支出。在突发的灾难面前，专家组勇于奉献、善于攻坚、敢于担当，充分展现了公司专家组以人为本、为民服务的良好的职业素养和过硬的专业水平。在抗涝、抗灾工作全面胜利后，区政府、区住房城乡建设局对公司专家组团队的优异表现给予了充分肯定和高度赞誉。

3. 安全技术服务团队的帮扶以“坐诊把脉”为主要手段，帮助企业尤其是小微企业和农户建立安全管理基础档案，制定现场的管控措施，并认真开展隐患讲解组织隐患排查，提升生产经营过程中的安全管理水平。截至目前，已帮扶320家企业人员，重点帮扶了古县城、传统食品企业、收购站、幼儿园、农村生产户、个体经营户。

帮扶规模生产经营单位健全有限空间作业安全责任制度、安全作业审批制度、作业现场安全管理制度、安全培训教育制度、应急管理制度。

4. 针对小微企业及农户在起步发展时期，对安全生产的理解就是配置手提式灭火器的粗浅认识，专家团队主动上门进行有针对性、结合实际的培训，使最基层的工商户能够懂安全、知隐患、会排查、知操作，开展了不只有管理人员参加，号召更多员工、帮工、民众参与的宣讲。开展以提高安全生产意识和避险为主，以提问解答、寓教于乐的互动方式，开展了生动、活跃的培训帮扶。全年共开展培训帮扶18次。

以“就近坐诊”的形式，开展“一对一、一对多”的面对面咨询帮扶，根据小微企业产品类别，派出“对口”专家“坐诊”。这类咨询帮扶最后多是被工商经营户请到现场出谋划策，帮助参谋解决生产过程中的困难，因此团队专家更重视、更投入地去倾听他们的诉求，力所能及地解决他们的问题。全年组织此类咨询帮扶10次，起到很好的效果，践行了为人民办实事的宗旨。

5. 针对小微企业在既有场地和空间的现状，为企业做突发事件时的应急措施指导和策划，合理规划、调整应急预案，提供应急演练模板和已成熟的经验，全年共计11次。

6. 依托互联网，采用“点对点”和“点对面”的模式，建立各类型安全知识普及群、各类安全知识PPT、制作抖音的小视频30余份，以直观、易懂的形式，传播和普及了民众的安全常识和对企业的安全管理要求。

四、“共谋、共建、共享，保一方平安”促乡镇“共同富裕”

安全技术服务团队帮助企业落实安全生产管理措施，开展帮扶小微企业和农村集体、个体农户后，提升了整个区域的安全生产管理水平。

各镇（乡、街）参与安全管理提升行动的企业、集体、个体均对提升行动有良好反响，对安全管理工作有了全新的认识，希望继续得到这样的现场操作性帮扶。活动解决了一些集体、个体不懂安全生产、不懂安全管理要义的现实问题，帮助他们走出无从下手的困境。

作为安全技术咨询服务专家团队，收集了大量的隐患数据，掌握了企业在基层管理中的风险管控的重点和难点，为区应急管理部门制定安全管理策略和实施方案提供了依据。

实现共同富裕，首要的是树立“共谋、共建、共享”的理念；从共谋、共建、共享走向“共同富裕”，重点是提高安全生产意识和责任担当意识，建立从“人人重视”到“人人尽力”的机制，从而创建从“保一方平安”到“人人共享”的安全生产、祥和融洽的社会环境。

《中国建设监理与咨询》征稿启事

《中国建设监理与咨询》是中国建设监理协会与中国建筑工业出版社合作出版的连续出版物，侧重于监理与咨询的理论探讨、政策研究、技术创新、学术研究和经验推介，为广大监理企业和从业者提供信息交流的平台，宣传推广优秀企业和项目。

一、栏目设置：政策法规、行业动态、人物专访、监理论坛、项目管理与咨询、创新与研究、企业文化、人才培养等。

二、投稿邮箱：zgjsjlxh@163.com，投稿时请务必注明联系电话和邮寄地址等内容。

三、投稿须知：

1. 来稿要求原创，主题明确、观点新颖、内容真实、论据可靠；图表规范、数据准确、文字简练通顺，层次清晰、标点符号规范。

2. 作者确保稿件的原创性，不一稿多投、不涉及保密、署名无争议，文责自负。本编辑部有权作内容层次、语言文字和编辑规范方面的删改。如不同意删改，请在投稿时特别说明。请作者自留底稿，恕不退稿。

3. 来稿按以下顺序表述：①题名；②作者（含合作者）姓名、单位；③摘要（300字以内）；④关键词（2~5个）；⑤正文；⑥参考文献。

4. 来稿以4000~6000字为宜，建议提供与文章内容相关的图片（JPG格式）。

5. 来稿经录用刊载后，即免费赠送作者当期《中国建设监理与咨询》一本。

本征稿启事长期有效，欢迎广大监理工作者和研究者积极投稿！

欢迎订阅《中国建设监理与咨询》

《中国建设监理与咨询》面向各级建设主管部门和监理企业的管理者和从业者，面向国内高校相关专业的专家学者和学生，以及其他关心我国监理事业改革和发展的人士。

《中国建设监理与咨询》内容主要包括监理相关法律法规及政策解读；监理企业管理发展经验介绍和人才培养等热点、难点问题研讨；各类工程项目管理经验交流；监理理论研究及前沿技术介绍等。

《中国建设监理与咨询》征订单回执（2022年）

<table>
<tr><td rowspan="3">订阅人信息</td><td>单位名称</td><td colspan="4"></td></tr>
<tr><td>详细地址</td><td colspan="2"></td><td>邮编</td><td></td></tr>
<tr><td>收件人</td><td colspan="2"></td><td>联系电话</td><td></td></tr>
<tr><td>出版物信息</td><td>全年（6）期</td><td>每期（35）元</td><td>全年（210）元/套
（含邮寄费用）</td><td>付款方式</td><td>银行汇款</td></tr>
<tr><td colspan="6">订阅信息</td></tr>
<tr><td colspan="6">订阅自2022年1月至2022年12月，__________套（共计6期/年）　　付款金额合计￥______________________元。</td></tr>
<tr><td colspan="6">发票信息</td></tr>
<tr><td colspan="6">□开具发票（电子发票由此地址 absbook@126.com 发出）
发票抬头：______________________ 纳税人识别号：______________________
发票类型：一般增值税发票
接收电子发票邮箱：</td></tr>
<tr><td colspan="6">付款方式：请汇至“中国建筑书店有限责任公司”</td></tr>
<tr><td colspan="6">银行汇款 □
户　名：中国建筑书店有限责任公司
开户行：中国建设银行北京甘家口支行
账　号：1100 1085 6000 5300 6825</td></tr>
</table>

备注：为便于我们更好地为您服务，以上资料请您详细填写。汇款时请注明征订《中国建设监理与咨询》并请将征订单回执与汇款底单一并传真或发邮件至中国建设监理协会信息部，传真 010-68346832，邮箱 zgjsjlxh@163.com。

联系人：中国建设监理协会　刘基建、王慧梅，电话：010-68346832

中国建筑工业出版社　焦阳、汪箫仪，电话：010-58337250，010-58337167

中国建筑书店　王建国、赵淑琴，电话：010-68344573（发票咨询）

《中国建设监理与咨询》协办单位

 北京市建设监理协会 会长：李伟	 中国铁道工程建设协会 会长：麻京生	 中国建设监理协会机械分会 会长：李明安	 京兴国际工程管理有限公司 董事长：陈志平　总经理：李强
 北京兴电国际工程管理有限公司 董事长兼总经理：张铁明	 北京五环国际工程管理有限公司 总经理：汪成	 中国水利水电建设工程咨询北京有限公司 总经理：孙晓博	 鑫诚建设监理咨询有限公司 董事长：严弟勇　总经理：张国明
 北京希达工程管理咨询有限公司 总经理：黄强	 中船重工海鑫工程管理（北京）有限公司 总经理：姜艳秋	 中咨工程管理咨询有限公司 总经理：鲁静	 北京赛瑞斯国际工程咨询有限公司 总经理：曹雪松
 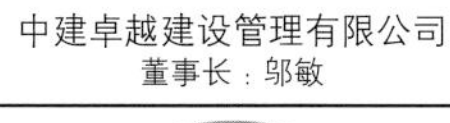 中建卓越建设管理有限公司 董事长：邬敏	天津市建设监理协会 理事长：郑立鑫	 河北省建筑市场发展研究会 会长：蒋满科	 山西省建设监理协会 会长：苏锁成
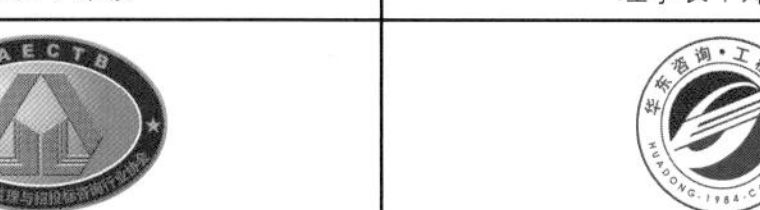 宁波市建设监理与招投标咨询行业协会 会长：邵昌成	 浙江华东工程咨询有限公司 党委书记、董事长：李海林	 公诚管理咨询有限公司 党委书记、总经理：陈伟峰	 北京帕克国际工程咨询股份有限公司 董事长：胡海林
 福建省工程监理与项目管理协会 会长：林俊敏	 广西大通建设监理咨询管理有限公司 董事长：莫细喜　总经理：甘耀域	 同炎数智（重庆）科技有限公司 董事长：汪洋	 中汽智达（洛阳）建设 总经理：刘耀民
 晋中市正元建设监理有限公司 执行董事：赵陆军	 山东省建设监理与咨询协会 理事长：徐友全	 福州市全过程工程咨询与监理行业协会 理事长：饶舜	 临汾方圆建设监理有限公司 总经理：耿雪梅
 吉林梦溪工程管理有限公司 总经理：张惠兵	 山西安宇建设监理有限公司 董事长兼总经理：孔永安	 大保建设管理有限公司 董事长：张建东　总经理：肖健	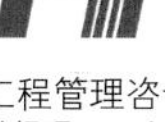 山西华太工程管理咨询有限公司 总经理：司志强
 山西晋源昌盛建设项目管理有限公司 执行董事：魏亦红	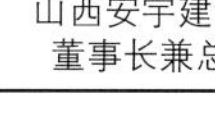 上海振华工程咨询有限公司 总经理：梁耀嘉	 厦门海投建设咨询有限公司 党总支书记、执行董事、法定代表人兼总经理：蔡元发	 山西盛世天行工程项目管理有限公司 董事长：马海英
 武汉星宇建设工程监理有限公司 董事长兼总经理：史铁平	 山东胜利建设监理股份有限公司 董事长兼总经理：艾万发	 山西亿鼎诚建设工程项目管理有限公司 董事长：贾宏铮	 江苏建科建设监理有限公司 董事长：陈贵　总经理：吕所章
 连云港市建设监理有限公司 董事长兼总经理：谢永庆	山西卓越建设工程管理有限公司 总经理：张广斌	 陕西华茂建设监理咨询有限公司 董事长：阎平	 安徽省建设监理协会 会长：苗一平
合肥工大建设监理有限责任公司 总经理：王章虎	 浙江江南工程管理股份有限公司 董事长总经理：李建军	 苏州市建设监理协会 会长：蔡东星　秘书长：翟东升	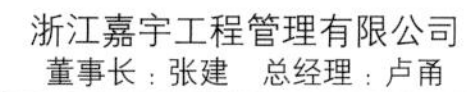 浙江嘉宇工程管理有限公司 董事长：张建　总经理：卢甬
 浙江求是工程咨询监理有限公司 董事长：晏海军	 驿涛项目管理有限公司 董事长：叶华阳	 永明项目管理有限公司 董事长：张平	 河南省建设监理协会 会长：孙惠民

《中国建设监理与咨询》协办单位

国机中兴工程咨询有限公司 执行董事：李振文	新疆昆仑工程咨询管理集团有限公司 总经理：曹志勇	河南清鸿建设咨询有限公司 董事长：贾铁军	建基工程咨询有限公司 总裁：黄春晓
河南省光大建设管理有限公司 董事长：郭芳州	方大国际工程咨询股份有限公司 董事长：李宗峰	河南长城铁路工程建设咨询有限公司 董事长：朱泽州	北京北咨工程管理有限公司 总经理：朱迎春
河南兴平工程管理有限公司 董事长兼总经理：艾护民	湖北省建设监理协会 会长：刘治栋	武汉华胜工程建设科技有限公司 董事长：汪成庆	湖南省建设监理协会 常务副会长兼秘书长：田英
华春建设工程项目管理有限责任公司 董事长：王莉	湖南长顺项目管理有限公司 董事长：黄劲松　总经理：黄勇	广东省建设监理协会 会长：孙成	运城市金苑工程监理有限公司 董事长兼总经理：卢尚武
郑州大学建设科技集团有限公司 总经理：詹昌春	广东工程建设监理有限公司 总经理：毕德峰	广州广骏工程监理有限公司 总经理：施永强	西安四方建设监理有限责任公司 董事长：杜鹏宇　总经理：周建新
重庆市建设监理协会 会长：雷开贵	重庆赛迪工程咨询有限公司 董事长兼总经理：冉鹏	重庆联盛建设项目管理有限公司 总经理：雷冬菁	山东同力建设项目管理有限公司 党委书记、董事长：许继文
重庆正信建设监理有限公司 董事长：程辉汉	重庆林鸥监理咨询有限公司 总经理：肖波	四川二滩国际工程咨询有限责任公司 董事长：李卫国	中国华西工程设计建设有限公司 董事长：周华
云南省建设监理协会 会长：杨丽	云南新迪建设咨询监理有限公司 董事长兼总经理：杨丽	云南国开建设监理咨询有限公司 董事长兼总经理：黄平	贵州省建设监理协会 会长：杨国华
贵州建工监理咨询有限公司 董事长：张勤　总经理：赵中	三维建设工程咨询有限公司 董事长：付涛　总经理：王伟星	西安高新建设监理有限责任公司 董事长兼总经理：范中东	西安铁一院工程咨询监理有限责任公司 总经理：杨南辉
西安普迈项目管理有限公司 董事长：李三虎	内蒙古科大工程项目管理有限责任公司 董事长：乔开元	云南城市建设工程咨询有限公司 董事长：杨家骏	河北中原工程项目管理有限公司 董事长：王亚东
青岛东方监理有限公司 董事长：胡民　总经理：刘永峰	康立时代建设集团有限公司 董事长：蒋增伙　总经理：鲜涛	山西辰丰达工程咨询有限公司 总经理：孙爱峰	九江市建设监理有限公司 董事长：郭冬生

十堰市百二河生态修复工程监理

南阳市第十八完全学校高中项目

信钢煤气资源综合利用节能技改项目二期工程

建瓯市水南二桥工程监理

环江县四桥工程设计、采购、施工（EPC）总承包监理招标

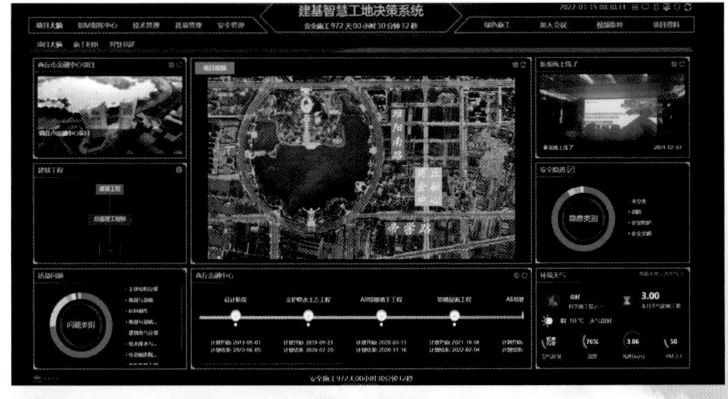

建基智慧工地决策测系统

磐石湾庄园（太阳城）二期

建基工程咨询有限公司

建基工程咨询有限公司成立于1998年，是一家全国知名的以建筑工程领域为核心的全过程咨询解决方案提供商和运营服务商。拥有37年的建设咨询服务经验，27年的工程管理咨询团队，23年的品牌积淀，十年精心铸一剑。

发展几十年来，共完成8300多个工程的建设工程咨询服务，工程总投资约千亿元人民币，公司所监理的工程曾多次获得“詹天佑奖”“鲁班奖”、中国钢结构金奖、国家优质工程奖、省及市级优质工程奖。

公司是“全国监理行业百强企业”“河南省建设监理行业骨干企业”“河南省全过程咨询服务试点企业”“河南省工程监理企业二十强”“河南省先进监理企业”“河南省诚信建设先进企业”“河南省住房城乡建设厅重点扶持企业”，2018年度中国全过程工程咨询BIM咨询公司综合实力50强。公司也是中国建设监理协会理事单位，《建设监理》常务理事长单位，河南省建设监理协会副会长单位，河南省产业发展研究会常务理事单位。

建基咨询在工程建设项目前期研究和决策以及工程项目准备、实施、后评价、运维、拆除等全生命周期各个阶段，可提供但不限于咨询、规划、设计在内的涉及组织、管理、经济和技术等各有关方面的工程咨询服务。

建基咨询采用多种组织方式提供工程咨询服务，为项目决策实施和运维持续提供碎片式、菜单式、局部和整体解决方案。公司可以从事建设工程分类中，全类别、全部等级范围内的建设项目咨询、造价咨询、招标代理、工程技术咨询、BIM咨询服务、项目管理服务、项目代建服务、监理咨询服务、人防工程监理服务以及建筑工程设计服务。

公司资质：工程监理综合资质；建筑工程设计甲级；工程造价咨询甲级；政府采购招标代理、建设工程招标代理；水利工程施工监理乙级、人防工程监理乙级。通过ISO9001质量管理体系认证，ISO14001环境管理体系和ISO45001职业健康安全管理体系。

公司经营始终秉承“诚信公正，技术可靠”，以满足业主需求；以“关注需求，真诚服务”，作为技术支撑的服务理念；坚持“认真负责，严格管理，规范守约，质量第一”，赢得市场认可；强调“不断创新，勇于开拓”的精神；提倡“积极进取，精诚合作”的工作态度；公司以建设精英人才团队为己任，努力营造信任、关爱、尊重、快乐的工作氛围，创造具有向心力的文化氛围。公司在坚持“唯才是用”，充分发挥个人才能的同时，更注重团队合作精神，强调时时处处自觉维护公司信誉和品牌；在坚持严谨规范，公平、公正科学管理的同时，更强调诚信守约、信誉第一。我们的管理着力于上下和谐，内外满意的一体化原则，追求的是让客户满意，让客户放心，共赢未来。

公司愿与国内外建设单位建立战略合作伙伴关系，用我们雄厚的技术力量和丰富的管理经验，竭诚为业主提供优秀的项目咨询管理、建设工程监理服务，共同携手开创和谐美好的明天！

地　址：河南省郑州市管城区城东路100号正商向阳广场15A层
电　话：400-008-2685
传　真：0371-55238193
网　址：www.hnccpm.com
邮　箱：ccpm@hnccpm.com

微信公众号

PUHCA 帕克国际

北京帕克国际工程咨询股份有限公司

北京帕克国际工程咨询股份有限公司（股票代码：835333）成立于1993年9月，注册资金1.61亿元人民币。公司是中国工程咨询协会及中国建设监理协会的会员单位，全国首批监理综合资质企业。公司同时具备工程监理综合资质、工程资信甲级资质、人防工程甲级资质，公司于2016年成功在新三板挂牌上市，是工程咨询行业资质最齐全，等级最高的公司之一。

帕克国际不管是在超高层项目、城市综合体项目、体育场馆项目、五星及超五星级酒店项目，还是在大型市政、园林、水务等项目上，在全国都具有绝对的竞争优势，曾获得国家级奖项一百余项。

不仅如此，帕克国际还多次参加北京市乃至全国地方规程、行业标准、国家规范的编写工作，例如：《建设项目全过程工程咨询管理标准》（两家主编单位之一）、《建设工程监理规范》等，为北京市乃至全国的行业进步做出了贡献。

公司依托人才、技术优势，以“国际化、专业化”的理念为指导，采用先进管理模式，强化管理创新，建设了规范化、制度化的管理服务平台。公司坚持“人才成就帕克，帕克造就人才”的用人理念，充分发挥高端人才集聚优势，搭建资本与智本对接平台，打造了精良的、高水准技术服务团队。

企业使命：助造经典

企业愿景：徜徉城市之间，遇见帕克之美

企业精神：同心向上、科学创新、诚信服务、追求卓越

核心价值观：砺己，利人。

诚信正直为本，感恩之心长存，专业高效树标杆，常学常新常自省，主动协作促共赢。

公司优秀业绩：

奥运场馆10多项：水立方、国家速滑馆、自行车馆、五棵松冰上运动中心等。

北京城市副中心10多项：副中心交通枢纽、副中心图书馆、北京城市副中心机关办公区工程B1/B2工程、北京城市副中心行政办公区C1工程、警卫联勤楼工程等。

机场10多项：北京新机场民航工程、北京新机场货运区工程、北京新机场供油工程、北京新机场南航基地工程、鄂州顺丰机场转运中心（72万m^2）等。

超高层、综合体项目50余项：北京银泰、CBD三星总部大厦、天津周大福金融中心、武汉周大福金融中心、沈阳市府恒隆广场等众多省市级地标性超高层建筑。

大型三甲综合医院10多项：安贞医院通州院区、北京积水潭医院回龙观院区、武汉泰康同济医院（全国抗疫先进单位）、北京大学人民医院等。

世界级超五星级酒店50余项：北京长城喜来登饭店（曾接待美国总统里根、布什）、北京康拉德酒店、北京国际俱乐部瑞吉酒店、银泰中心柏悦酒店、北京通盈中心洲际酒店、太原希尔顿酒店、西双版纳洲际度假酒店、长白山温泉皇冠假日酒店等。

公司获“鲁班奖”“国家优质工程奖”“詹天佑大奖”钢结构金奖等建筑类奖项上百余项，多年蝉联北京市建委监理单位综合排名第一名。

中国共产党历史展览馆

国家速滑馆——2022北京冬奥标志性建筑，也是北京市唯一新建的冰上竞赛场馆

天津周大福（530m）

北京城市副中心图书馆——副中心三大共享建筑之一

北京城市副中心站——亚洲最大交通枢纽

安贞医院通州院区——北京市最大在建医院项目

鄂州顺丰机场转运中心（72万m^2）

武汉周大福金融中心（478m）

公司董事长、总经理于跃洋

河南平煤神马集团尼龙化工己二酸工程

劳模小区

河南平顶山大型捣固京宝焦化焦炉

河南平顶山市光伏电站

河南开封东大化工

河南平宝煤业有限公司首山一矿

河南平顶山平煤医疗救护中心

河南兴平工程管理有限公司

Henan Xingping Project Management Co.,Ltd.

河南兴平工程管理有限公司成立于1995年，由中国平煤神马集团控股，注册资金1000万元。公司先后通过ISO9001质量管理体系、ISO14001环境管理体系、ISO45001职业健康安全管理体系认证，是中国煤炭建设协会理事单位，中国建设监理协会化工分会理事单位，河南省建设监理协会常务理事单位，平顶山市建筑业协会会员单位，《建设监理》杂志理事会副理事长单位。2017年，公司被确定为河南省重点培育建筑类企业（2017—2020年），成为全过程工程咨询试点单位。

公司资质

公司现拥有矿山工程、房屋建筑工程、市政公用工程、化工石油工程、电力工程、冶炼工程六项甲级监理资质，人防工程监理丙级资质。主要业务涉及矿山建设、机电安装、公路、桥梁、环保、化工、电力、冶炼、城市道路、给水排水、房屋建筑监理，工程技术咨询，工程造价咨询等领域。

人员结构

公司拥有工程管理技术人员200余人，其中各类国家级注册工程师82人，省、行业专业监理工程师150余人，具备工程建设全过程咨询管理能力。

业绩与荣誉

公司业务范围涉及内蒙古、青海、贵州、四川、湖北、山西、安徽、宁夏等十多个省市，承接已完成和在建的项目工程700余项，其中国家、省部级重点工程近百项，完成监理工程投资额达600亿元以上，所监理项目工程合同履约率达100%。

公司被中国煤炭建设协会评为“全国煤炭行业二十强”，被中国建设监理协会化工监理分会评为全国“化工行业示范优秀企业”“优秀监理企业”，被河南省建设监理协会评为“优秀工程监理企业”“履行社会责任监理企业”，被河南省建设厅评为“河南省工程监理企业二十强单位”，被平顶山市建筑业协会评为“先进监理企业”。公司监理的工程多次荣获“中国建设工程鲁班奖”、煤炭行业优秀工程“太阳杯”、全国“化工行业示范项目奖”、河南省建设工程“中州杯”、河南省建设工程“结构中州杯”、河南省保障性安居工程安居奖、平顶山市“鹰城杯”等奖项。公司多个项目部荣获“全国煤炭行业十佳项目监理部”。

工作思路

公司坚持专业发展、创新发展，秉承“诚信科学、严格管理、顾客满意、持续改进”的理念，努力打造管理一流、业务多元、行业领先的工程管理企业，竭诚为客户提供优质服务，确保工程安全质量，创建优质工程。

地　址：河南省平顶山市卫东区建设路东段南4号院
邮　编：467000
联系电话：0375-2797972
传　真：0375-2797966
E-mail：hnxpglgs@163.com
公司网址：http://www.hnxp666.com

西安四方建设监理有限责任公司

西安四方建设监理有限责任公司成立于1996年，是中国启源工程设计研究院有限公司（原机械工业部第七设计研究院）的控股公司，隶属于中国节能环保集团有限公司。公司拥有工程监理行业综合资质、信息系统工程监理资质、人防工程监理资质；机电安装、装修装饰、环保工程、古建筑工程4项专业承包资质；具备工程造价甲级、工程咨询甲级等多项专业资质，同时具有商务部对外援助成套项目管理企业资格（中国西北地区唯一一家工民建专业对外援助成套项目管理企业），是陕西省住房和城乡建设厅批准的陕西省第一批全过程工程咨询试点企业。

随着时代的发展，公司取得国家级高新技术企业证书，数十项国家版权局计算机软件著作权及专利证书。公司实施数字化解决方案，打造出集OA办公、项目管理、项目协同、视频巡检等功能为一体的数字化管理平台，覆盖监理咨询服务全过程，实现了业务管理标准化、项目信息在线化、业务流程数字化、服务价值可视化，提高了建筑产业链数字化水平。

公司目前拥有各类工程技术管理人员近500名，其中具有国家各类职业资格注册人员200余人、国家注册监理工程师130余人，具有中高级专业技术职称人员占比60%以上。可提供投资决策综合咨询、工程建设全过程咨询、技术专项咨询及智慧工地全套解决方案。

公司立足古城西安，业务辐射全国及海外20余个国家。始终遵循“以人为本、诚信服务、客户满意”的服务宗旨，以“独立、公正、诚信、科学”为监理工作原则，真诚地为业主提供优质服务、为业主创造价值。先后监理及管理工程1000余项，涉及住宅、学校、医院、工厂、体育中心、高速公路房建、市政集中供热中心、热网、路桥工程、园林绿化、节能环保项目等多个领域。在20多年的工程管理实践中，公司在工程质量、进度、投资控制和安全管理方面积累了丰富的经验，所监理和管理项目连续多年荣获“鲁班奖”“国家优质工程奖”“中国钢结构金奖”“陕西省市政金奖示范工程”“陕西省建筑结构示范工程”“长安杯”“雁塔杯”等奖项100余项，在业内拥有良好口碑，赢得了客户、行业、社会的认可，数十年连续获得“中国机械工业先进工程监理企业”“陕西省先进工程监理企业”“西安市先进工程监理企业”荣誉称号。

公司依托中国节能环保集团有限公司、中国启源工程设计研究院有限公司的技术优势，充分发挥项目管理、工程监理、工程咨询所积累的技术、人才和管理优势，竭诚为项目提供专业、先进、满意的技术服务。

成都市青白江区“一带一路”教育培训基地（四川师范大学青白江校区）项目

“一带一路”成都国际铁路港进出口商品展示交易中心全过程工程咨询服务项目

隆基绿能年产15GW高效单晶电池项目基建工程机电工程

高新片区城市供热项目

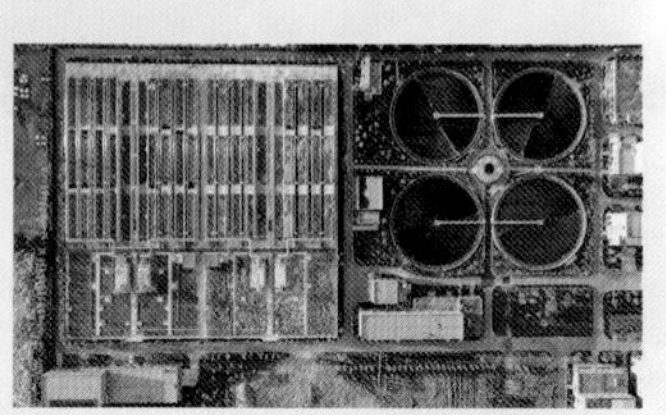

西安鱼化污水处理厂项目

西安丝路工业互联网产业园项目

宝鸡市中心医院项目

援科摩罗人民宫修缮项目

西安饭庄项目

“听党话　感党恩　跟党走——庆祝中国共产党成立 100 周年”主题党日活动

庆祝建党 100 周年“学习百年党史　践行初心使命”党史学习教育、团标宣贯双百知识竞赛活动

天津市建设监理协会第四届六次会员代表大会暨四届七次理事会合影留念

京津沪渝直辖市“构建新格局 适应新发展”监理行业发展研讨会在天津召开

天津市建设监理协会

天津市建设监理协会成立于 2001 年 10 月，是由天津地区从事工程建设的监理企业与从业人员组成的非营利性社会组织。天津市建设监理协会现有会员单位 155 家。天津市建设监理协会设有专家委员会、自律委员会、专业委员会，协会秘书处为日常办公机构。

多年来，协会在市国资系统行业协会商会党委、市住房和城乡建设委员会和市民政局的指导帮助下，不断加强协会党的建设，促进行业发展，以全新的态势，适应新常态，建立新机制，迎接新挑战，实现新跨越。

协会的宗旨：遵守宪法、法律、法规；遵守国家与地方政府的政策规定；遵守社会道德风尚；积极加强社会组织党的建设，致力于社会组织法人治理机构的设置及运行；积极组织会员与政府建设行政主管部门之间的沟通联系；维护行业与会员的合法利益、保障行业公平竞争，为提高工程建设水平做出积极贡献。

为适应监理行业转型升级的需要，协会努力推进行业诚信体系建设，构建以信用为基础的自律机制，打造诚信企业，维护市场秩序，提升服务水平，促进监理行业高质量可持续发展。为了使更多的会员企业进入信息化管理的行列，协会利用各种社会资源与网络平台免费开展为会员的业务、技术培训与常态化信用管理学习。

协会注重行业专家和人才建设的作用，编制并参与完成国家住房城乡建设部、中国建设监理协会多项课题研究任务和天津市多项地方行业标准。及时更新执业人员知识储备，提高了人员的综合能力。同时，有序推进团体标准编制工作，制定了《天津市建设监理协会团体标准管理办法》，目前已经完成了《建设工程监理工作标准指南》和《安全生产管理的监理工作标准指南》和《天津市建设工程监理资料编写指南》的房屋建筑工程、市政工程、铁路工程分册等团体标准的颁布与实施，为行业高质量发展提供了基础性保障。

强化服务，积极作为。协会以规范行业行为，促进行业发展为工作重心，以不断强化自身建设，完善管理机制，树立为企业服务理念为第一的工作信条。未来，天津市建设监理协会将进一步团结监理企业，凝聚监理人心；制定监理标准；开展信用管理学习培训；交流工作经验；提高监理水平；确保工程质量；履行安全职责；打造行业文化；推动行业信息化、智慧化转型升级，为工程监理事业持续、健康、快速发展做出新的贡献！

地　址：天津市河西区围堤道 146 号华盛广场 B 座 9 层 E 单元
邮　编：300204
电　话：022-23691307
网　址：www.tjcecp.com
邮　箱：jlxh@vip.163.com

湖南省建设监理协会

湖南省建设监理协会（Hunan Province Association of Engineering Consultants，简称 Hunan AEC ）。

协会成立于 1996 年，是由湖南省行政区域内从事全过程工程咨询、工程建设监理、项目管理业务等业务相关单位及个人自愿组成的自律管理、全省性行业组织，是在湖南省民政厅注册登记具有法人资格的非营利性社会团体，现有单位会员近 300 家。

协会宗旨：以习近平新时代中国特色社会主义思想为指导，加强党的领导，践行社会主义核心价值观，遵守社会道德风尚；遵守宪法、法律、法规和国家有关方针政策。坚持为行业发展服务，维护会员的合法权益，引导会员遵循“守法、诚信、公正、科学”的职业准则，沟通会员与政府、社会的联系，发展和繁荣我省全过程工程咨询、工程建设监理和项目管理事业，提高行业服务质量。

协会始终坚持以党的十九大及十九届四中全会精神为办会思想，在省住房和城乡建设厅、民政厅的正确领导下，在中国建设监理协会和协会会员的大力支持下，为政府主管部门和会员提供精准服务，开展主要工作有：

（一）开展调查研究国内外同行业的发展动态，反映会员的意见和诉求，提出有关行业发展的经济、技术、政策等方面建议，推进行业管理和发展。

（二）组织经验交流、参观学习，宣传、贯彻有关行业改革和发展的方针、政策，总结和推广改革成果和经验，组织行业培训、技术咨询、信息交流。帮助企业转型升级，提高企业核心竞争力，推进行业整体素质的提高，鼓励企业“走出去”，加快与国际接轨的步伐。

（三）建立健全行业自律管理机制和诚信机制。开展对会员单位及其监理人员的信用及资信评价，推行并落实监理报告制度，做好建筑从业人员实名制管理工作，加强行业自律管理；受理会员投诉，维护行业和会员的合法权益，依法依规开展维权活动。

（四）推动工程建设监理智慧化、智能化管理，推进安全生产标准化、信息化建设，推广 BIM 技术、物联网、人工智能、大数据、云计算在工程建设监理中的应用；开展安全生产的宣传教育、风险辨识、评估，以及质量风险管控和安全评价等相关工作。

（五）推行“适用、经济、绿色、美观”的新时期建筑方针，开展与全过程工程咨询、建设工程监理、项目管理相关联的装配式建筑、绿色建筑及节能建筑等业务活动，促进企业多元化发展。

（六）承担政府相关部门、社会保险机构、高校或其他合法合规的社会机构委托的相关工作，参与制定相关政策、规划、规程、规范、行业标准及行业统计等工作事务。

（七）建立行业管理相关平台并负责管理，办好会刊、杂志，收集、编辑有关政策、法规、市场信息及行业发展的书刊及资料。

（八）开展行业相关业务的调查、统计、研究工作，为指导企业开展业务和向政府有关部门提供决策依据。

（九）开展行业宣传工作，表彰会员单位中的优秀企业和个人。

目前正在实现职能转变，以提升服务质量、增强会员凝聚力，更好地为会员服务。在转型升级之际，引导企业规划未来发展，与企业一道着力培养一支具有开展全过程工程咨询实力的队伍，朝着湖南省工程咨询队伍建设整体有层次、竞争有实力、服务有特色、行为讲诚信的目标奋进，使湖南省工程咨询行业在改革发展中行稳致远。

湖南省建设监理协会第四届第五次理事会议

湖南省建设监理协会第五届第一次会员代表大会暨五届一次理事会

湖南省建设监理行业“不忘初心　砥砺前行”党史教育培训班

湖南省建设监理行业“不忘初心　砥砺前行”党史教育培训班开班仪式

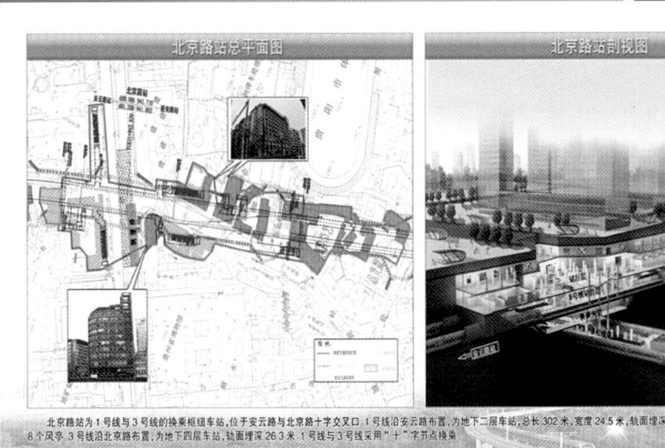

贵阳市轨道交通 1 号线

贵阳国际生态会议中心：2013 年度中国建设工程鲁班奖（国家优质工程）

贵安新区市民中心建设项目（全过程工程咨询项目）

贵州省思剑高速公路舞阳河特大桥

襄阳市东西轴线道路工程樊城段

贵州省委办公业务大楼：2011 年度中国建设工程鲁班奖（国家优质工程）

贵州省镇胜高速公路肇兴隧道（2010 年通车，是当时贵州高速公路第一长隧道，全长 4752m，为分离式左右隧道）

深圳市城市轨道交通 16 号线

三维建设工程咨询有限公司

三维建设工程咨询有限公司是一家专业从事建设工程技术咨询管理的现代服务型企业。公司成立于 1996 年，注册资金 5000 万元。拥有住房和城乡建设部工程监理综合资质、交通部公路工程监理甲级资质、国家人防办人防工程监理甲级等资质。通过了 ISO 9001 质量管理体系、ISO 14001：2015 环境管理体系、ISO 45001：2018 职业健康安全管理体系认证。公司也是中国建设监理协会常务理事单位、贵州省建设监理协会常务副会长单位和贵州省第一批全过程工程咨询试点企业。在市政工程、轨道交通、高速公路、公共建筑、生态环保、农村农业等多领域开展工程咨询、工程管理、工程监理等服务。

公司现有各类工程技术人员 1000 余人，具有中、高级技术职称人员近 500 人，监理工程师、造价工程师、一级建造师、咨询工程师等各类注册人员 230 余人。

公司自成立以来承接了贵州省人大常委会省政府办公楼、贵阳国际生态会议中心、贵州省图书馆、中天·未来方舟住宅项目、中国文化（出版广电）大数据产业项目（CCDI）、贵州省思剑高速公路舞阳河特大桥、铜仁凤凰机场航站楼改扩建工程、襄阳市东西轴线道路工程、贵阳市轨道交通 1、2、3 号线、厦门地铁 6 号线等近万个项目的工程监理及咨询管理业务。

在国家政策及市场环境的导向下，我公司积极投身转型升级创新改革浪潮，把握发展机遇。作为贵州省第一批全过程工程咨询试点企业，在重视现有监理、造价、咨询业务，继续促进市场稳定发展的同时，致力于将所营业务板块整合为全过程工程咨询业务板块，统筹管理，强化“做强业主，集成交付”理念。当前承接了贵安中心（一期）商务楼、贵安新区市民中心建设、贵安新区绿色金融港（一期）等项目的全过程工程咨询服务。

多年来，公司监理的项目荣获了 5 个中国建筑工程“鲁班奖”，3 个国家优质工程奖，60 余个“黄果树杯”（省优）奖，70 余项省、市优质工程奖及贵州省人民政府办公厅联合授予的“工程卫士”荣誉锦旗等各类奖项、荣誉，是中国建设监理创新发展 20 年工程监理先进企业、国家住房和城乡建设部先进监理单位、国家工商行政管理总局“守合同重信用”企业。

在研究理论成果方面，我公司主审了《人民防空工程建设监理》（试用版）教材，参编了《贵州省工程建设项目招标代理程序化标准》《贵州省市政工程计价定额》《建设工程监理文件资料编制与管理指南》等标准。

三维人不断发扬“忠诚、学习、创新、高效、共赢”的企业文化精神，致力于为建设工程提供高效的服务，为客户创造物有所值的价值。我们真诚地期待与各界人士合作，衷心希望与您建立友好合作关系，共谋发展。

下图：铜仁凤凰机场改扩建项目

云南城市建设工程咨询有限公司

筑梦城建 咨诹询谋

云南城市建设工程咨询有限公司（以下简称YMCC）于1993年成立，是全国文明单位、全国住房城乡建设系统先进集体、国家高新技术企业、云南省省级专精特新“小巨人”企业。云南省首批“建设工程监理”“建设工程项目管理”试点单位。

2009年YMCC开始集团化模式运营管理，现企业可开展全过程工程咨询、项目管理、项目代建、工程总承包（EPC）、城市更新、乡村振兴、项目策划、项目规划、项目融资咨询、绿色低碳咨询、投资决策咨询、招标（政府）采购、工程设计、施工图审查、设计咨询（优化）、工程造价咨询、工程监理、工程检测、工程保险咨询、信息技术咨询、工程风险咨询、工程评价（估）咨询等专项工程咨询业务，可为客户提供建设全过程、组合式、多元化、专业化、专属定制式工程咨询服务，是一家全牌照、综合型、集团化的工程咨询服务商。

YMCC近30年的积累，沉淀了“1+5+N”管理模式，即实现党组织作为“1”核心作用的发挥，结合企业“质量安全、智慧引擎、人文环境、职业道德、客户满意”这“5”个基础，以“业务创新、市场创新、科技创新……”等“N”个创新方法，持续推动企业高质量健康发展。

YMCC始终坚持“弘扬科学精神，创新科技强企”指导思想，发布了“数字云咨 智慧咨询”建设体系，以业务项目信息化建设为主体，辅以BIM、无人机、AI眼镜、二维码管理、视频监控等技术，实现了企业从“集约化管理”到项目“精细化管理”的战略发展规划。

目前，YMCC已取得30余项计算机软件著作权登记证书。同时，作为YMCC的智囊机构——“云咨智库”，除积极参与相关法律法规、宏观调控和产业政策的研究、制定外，在学术交流及政策引导方面，也贡献着巨大价值。目前YMCC已主编、参编了地方、行业多项标准及规程的编制工作。

同时，积极响应党中央“助力乡村振兴”号召，结合“干部规划家乡行动”，参与并完成了多个实用性村庄、社区的规划编制服务工作，并取得了多个奖项。其中企业编制的“梅里雪山旅游规划”获得云南省文旅厅旅游规划优秀奖。同时树立了绿色规划、绿色建筑理念，并参与了绿色规划、绿色建筑工程的实施。

2021年，YMCC发起的以“聚力谋‘双碳’，推动城乡建设绿色发展”为主题的“第五届云咨论坛”，紧跟党中央密集出台碳达峰碳中和、推动城乡建设绿色发展等相关政策的步伐。活动举办得到了广泛关注，云南省内外多家主流媒体相继对此次活动进行了报道。

目前，YMCC正着手全力打造云南建筑科技绿色产业生态圈，力将云南省建设领域高科技、数字化、信息化、智慧化、绿色环保作为发展方向，让产业链上、下游聚集协同达到良性互补。

地　址：云南省昆明市西山区日新中路620号
　　　　润城第一大道2栋26层
电　话：0871-64198558
微信公众号：ymcec1993

YMCC 绿色低碳咨询服务

YMCC 干部规划家乡行动乡村规划服务

YMCC 梅里雪山旅游规划项目

YMCC 云浮市西江新城图书馆工程咨询服务项目

YMCC 云南省重大传染病救治能力和疾控机构核心能力提升工程咨询服务项目

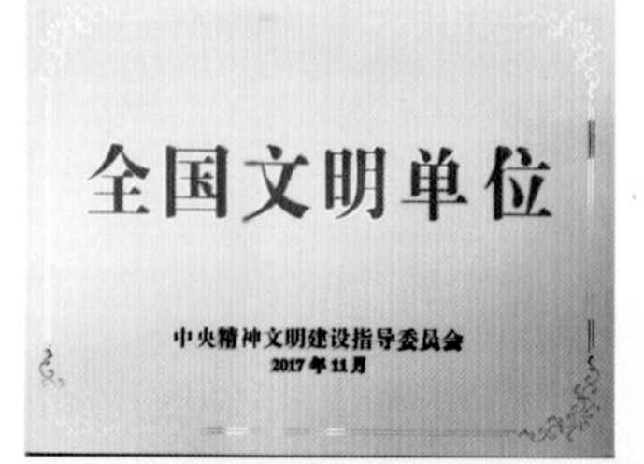

全国文明单位奖项

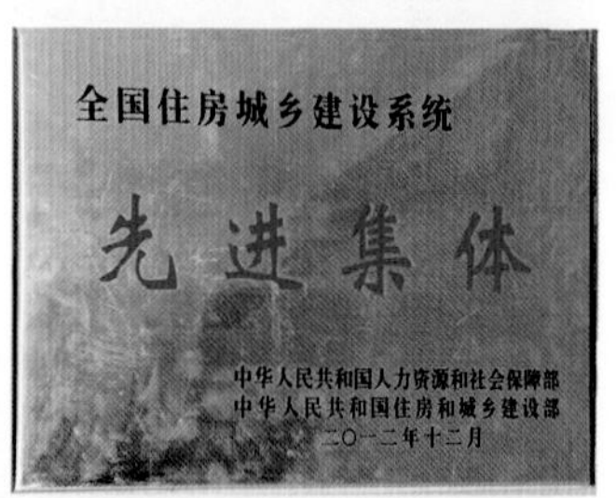

全国住房城乡建设系统先进集体奖项

国家高新技术企业奖项

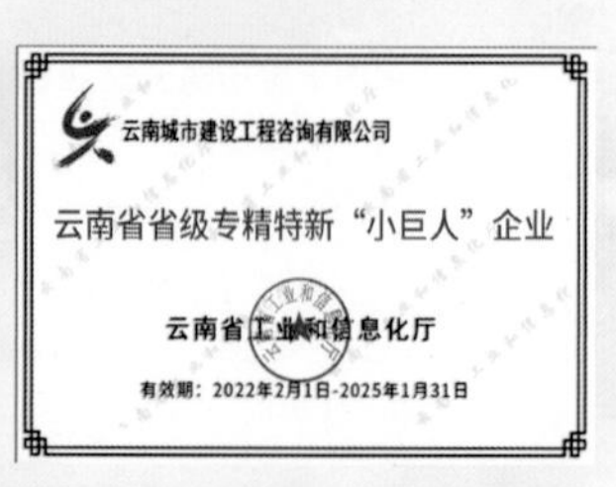

云南省省级专精特新“小巨人”荣誉

YMCC 政府购买工程咨询服务

YMCC 河北雄安新区容西片区安置房及配套设施工程咨询服务项目

山西辰丰达工程咨询有限公司

山西辰丰达工程咨询有限公司成立于2008年，2020年9月吸收合并了山西辰旭工程项目管理有限公司，是一家集投资决策综合咨询、招标代理、工程造价咨询、项目管理、工程监理、PPP项目咨询于一体的工程咨询服务企业。公司奉行“源于客户需求，止于客户满意”的服务理念，历经10余载艰辛逐步成熟壮大，形成了全过程工程咨询产业链。公司具有工程造价咨询企业甲级资质、房屋建筑工程监理甲级资质、市政公用工程监理乙级资质、人民防空工程建设监理单位丙级资质，取得了工程招标代理备案资格、工程咨询单位乙级资信、工程咨询单位备案（建筑、市政、农业、林业、公路、生态环境、电子信息、石化、医药等专业），通过了质量管理体系认证、环境管理体系认证和职业健康安全管理体系认证。

公司自有办公面积3000㎡，拥有先进的办公设备，健全的现代化管理体系，拥有经验丰富、专业配备齐全、技术精湛的工程技术人员200余人。其中，中、高级职称人员100余人，各类注册人员50余人，注册造价师10人，注册监理工程师25人，注册一级建造师11人，注册咨询工程师7人，为高水平的综合性工程咨询及相关服务提供有力保障。

公司注重科学化、规范化的管理，坚持高质量、优服务、创品牌的管理理念，立足于为客户提供工程建设全过程工程咨询一站式的服务和分阶段专业咨询服务的服务宗旨。具有健全的适应全过程工程咨询服务的组织机构和完善的管理制度、工作流程，为客户提供项目建设的策划与组织管理。以合同管理、信息管理、投资控制、质量控制、工期控制为主线，全面协调工程建设多方关系的项目管理为主要内容，以现代化管理技术为主导，建立了完善的项目咨询服务成果文件的管理体系、考核体系和完整的管理资料归档、建档规定，为客户提供全方位的服务保障。

公司自成立以来，工程咨询服务涉及房屋建筑与市政工程、水利、电力、公路、铁路、园林绿化、矿山、机电等多个行业的投资咨询、工程设计、项目管理、工程监理、造价咨询、招标代理等专业咨询服务。公司以诚信、严谨的工作态度，敬业、进取的专业精神和高效、廉洁的工作作风赢得了社会各界的好评，在业界树立了良好的资信及口碑。

面向未来，公司将继续秉承“诚信、务实、创新、共赢”的企业精神，以“成为工程咨询领域卓越的服务者”为企业愿景，不断提升服务品质，竭诚为客户提供更为专业、规范、高效、廉洁的工程咨询服务，期待与社会各界携手为工程咨询行业的发展贡献力量！

地　址：山西综改示范区太原学府园区亚日街7号环亚时代广场A座704室
电　话：0351-7770720
网　址：www.sxcfd.com

新力惠中学校太谷校区工程

中阳升辉·佳境天城项目

保利悦公馆项目

汾东中学南区、北区食堂及文体中心工程监理

山西国际金融中心六号楼室内精装修工程监理项目

山西中汾酒业投资有限公司5万t/年白酒生产线

金华市君华国际学校工程项目管理

绛县人民医院改扩建项目（门诊楼、医技楼、地下车库）

忻州市静乐丰润镇生态保护修复工程项目

岢岚县城市棚户区综合整治项目

重庆联盛建设项目管理有限公司

重庆联盛建设项目管理有限公司，原为重庆长安建设监理公司，成立于1994年7月，2003年5月改制更名，2016年与法国必维国际检验集团合资。公司于2008年取得工程监理综合资质，同时还具有工程建设技术咨询众多资质。可为社会提供全过程工程咨询、建设工程监理、设备监理、信息系统工程监理、投资咨询、工程造价咨询、招标代理等服务。

截至目前，公司已在全国20多个省市设立分支机构，业务遍布祖国大江南北。同时公司造就了一支具有较高理论水平及丰富实践经验的优秀的员工队伍，拥有完善的信息管理系统和软件，有精良的检测设备和测量仪器。具有熟练运用国际项目管理工具与方法的能力，可以为业主提供全过程、全方位、系统化的项目综合管理服务。公司秉承“以人为本、规范管理、提升水平、打造品牌”的管理理念，通过系统化、程序化、规范化的管理，实现了市场占有率、社会信誉，以及综合实力的快速提升，28年来公司得以稳步发展。

公司连续多年荣获国家及重庆市监理、招标代理及工程造价先进企业，共创“鲁班奖”先进企业、“抗震救灾”先进企业、国家级“守合同重信用”企业等殊荣。2012年及2014年连续两届同时获得了“全国先进监理企业”“全国工程造价咨询行业先进单位会员”和“全国招标代理机构诚信创优5A等级”；2014年8月，公司获得住房和城乡建设部颁发的“全国工程质量管理优秀企业”称号，全国仅5家监理企业获此殊荣；2021年获得重庆市人力资源和社会保障局、重庆市城乡建设委员会颁发的“重庆市城乡建设系统先进单位”。

公司监理或实施项目管理的项目荣获“中国建筑工程鲁班奖”“中国土木工程詹天佑奖”“中国钢结构金奖”“国家优质工程奖”“中国安装工程优质奖”“全国市政金杯示范工程奖”等国家及省市级奖项累计达600余项。2021年由公司提供服务的5个项目同时获得“国家优质工程奖”。2018年由公司提供项目管理咨询服务的内蒙古少数民族群众文化体育运动中心项目，荣获IPMA2018国际项目管理卓越奖（大型项目）金奖，成为荣膺国际卓越项目管理大奖的全球唯一的项目管理咨询企业，公司也因此获得了重庆市住房和城乡建设委员会的通报表彰。

面对建筑业的改革与发展，公司将以饱满的激情和昂扬的斗志迎接挑战，凝心聚力、创新发展，提升品牌、再铸辉煌，为国家建设和行业发展做出积极的贡献！

出版行业专著：引领行业标准

《全过程工程咨询服务实务要览》，此书被中国建筑工业出版社誉为“全过程工程咨询的实务宝典”，并已成为咨询行业“工具书”，助力更多工程咨询企业完成转型发展。

江苏金湖体育中心项目（项目管理+监理）

中共呼和浩特市委员会党校新校区项目（项目管理+监理）

丝路花街项目（技术咨询+监理+BIM）

宜都市民活动中心（监理）

全球研发中心项目（监理）

贵州茅台酒股份有限公司3万t酱香系列酒技改工程（监理）

世行贷款甘肃丝绸之路经济带文化传承创新项目（监理）

内蒙古少数民族群众文化体育运动中心项目为内蒙古自治区70周年大庆主会场，于2018年荣获国际项目管理卓越大奖金奖（项目管理+监理+招标+造价一体化+BIM技术）

地　址：重庆市北部新区翠云云柏路2号9层
电　话：023-61896650　023-61896626

亚洲最大智能立体包装仓库广东石化固体储运设施项目主体工程全部封顶

俄罗斯北极 2 项目核心模块首船装船成功交付

天利高新 20 万 t 年 EVA 项目

辽阳石化 30 万 t 年高性能聚丙烯装置一次开车成功

广东石化 PMT4 管理的五六联合装置

广东石化 PMT5 管理的七联合装置

浙江德荣化工有限公司乙烯裂解副产品综合利用项目

独山子石化溶聚丁苯橡胶项目聚合装置

长庆乙烷制乙烯项目“龙头”装置——乙烯装置

崇礼北加油加氢合建站

吉林梦溪工程管理有限公司

吉林梦溪工程管理有限公司，1992 年 11 月成立，原名“吉林工程建设监理公司”，隶属于吉化集团公司，1999 年 3 月独立运行；2000 年，随吉化集团公司划归中国石油天然气集团公司；2007 年 9 月，划归中国石油东北炼化工程有限公司；2010 年 1 月 6 日更名为吉林梦溪工程管理有限公司；2017 年 1 月 1 日划归中国石油集团工程有限公司北京项目管理公司。

吉林梦溪工程管理有限公司拥有国家住房和城乡建设部颁发的工程监理综合资质，国家技术监督局颁发的甲级设备监理单位资质 9 项、乙级设备监理单位资质 1 项，吉林省住房和城乡建设厅颁发的工程造价咨询乙级资质，中国合格评定国家认可委员会颁发的检验机构能力认可资质。公司是以工程项目管理为主导、工程监理为核心、带动设备监造等其他业务板块快速发展的国内大型项目管理公司。公司服务领域涉及油田地面建设、油气储运、石油化工、煤化工、房屋建筑、市政、新能源、冶金、电力、机电安装、环保等多个专业领域，形成以炼油化工为核心，上、中、下游一体化发展的业务格局。能够为客户提供 PMC、IPMT、EPCm 以及项目管理与监理一体化等多种模式，开展了项目前期咨询、设计管理、采购管理、投资控制、安全管理、质量管理、施工管理、开车咨询等全过程或分阶段项目管理服务，以及专家技术咨询、工程创优等专项服务。

目前，吉林梦溪工程管理有限公司市场范围已覆盖全国 27 个省、自治区、直辖市，业务遍及 10 余家大型国有企业集团。中石油系统内，服务于油气田板块的大庆油田、吉林油田、塔里木油田、西南油气田和青海油田；炼化板块的 23 家地区公司；销售板块的 10 家销售单位；天然气与管道储运板块的管道建设项目部、管道公司、西气东输、西部管道、西南管道、昆仑燃气、昆仑能源等。中石油系统外，主要服务于中石化、中海油、国家管网、中国化工、中化集团、中蓝集团、神华集团、中煤集团、国电宁煤、陕西延长集团、辽宁华锦化工集团、正和集团等大型国有企业，以及恒力石化、江苏盛虹、浙江石化、浙江恒逸石化、山东裕龙石化、山东东营威联化学、康乃尔化学公司等大型民营企业。参与国外及涉外项目有中石油援建尼日尔 100 万 t 炼厂项目、德国 BASF 公司独资的重庆 MDI 项目、俄罗斯亚马尔 LNG 模块化制造项目、哈萨克斯坦硫黄回收项目、恒逸文莱 PMB 石油化工项目等。

吉林梦溪工程管理有限公司始终坚持“为客户提供全过程工程咨询和项目管理服务”的企业使命和“诚信、敬业、担当、创新、合作、共赢”的核心价值观，现已发展成为中国石油化工行业监理的龙头企业，企业排名始终处于全国工程监理行业百强之内。截至目前，吉林梦溪工程管理有限公司共承揽业务 2500 多项，合同项下参建项目总投资额达 5000 多亿元。吉林梦溪工程管理有限公司是中国建设监理协会理事单位，是中石油集团公司工程建设一类承包商，是中国设备监理协会副理事长单位，2012—2021 年度连续 10 年被评为优秀监理企业，共获得国家级企业荣誉 17 项，省部级荣誉 18 项，市局级荣誉 15 项，国家级优质工程奖 24 项，省部级优质工程奖 70 项。

福州市全过程工程咨询与监理行业协会

福州市全过程工程咨询与监理行业协会，原为福州市建设监理协会，成立于1998年7月，是经福州市民政局核准注册登记的非营利社会法人单位，接受福州市民政局的监督管理和福州市城乡建设局的业务指导，本会党支部接受中共福州市直城乡建设系统委员会领导。协会会员由福州市从事工程建设全过程工程咨询与监理工作的单位组成，现有会员300余家。

协会认真贯彻党的十九大和十九届三中、四中、五中、六中全会精神，以马克思列宁主义、毛泽东思想、邓小平理论、“三个代表”重要思想、科学发展观、习近平新时代中国特色社会主义思想为指导，遵守宪法、法律、法规，遵守社会公德和职业道德，贯彻执行国家的有关方针政策。作为政府与企业之间的桥梁，协会积极发挥作用，向政府及其部门转达行业和会员诉求，同时提出行业发展等方面的意见和建议，当好政府的助手和参谋，加强双方的互动与沟通；承接政府部门委托，完成施工承包企业安全生产标准化考评、年度监理行业统计等各项任务，配合完成建设行业行风整治专项活动，完成了建筑施工质量安全管理现状及信息化手段应用调研工作。维护会员的合法权益，热情为会员服务，引导会员遵循“守法、公平、独立、诚信、科学”的职业准则，维护开放、竞争、有序的监理市场；协会组织、联络会员单位参加施工质量安全标准化现场观摩会等行业相关活动，有力推进了安全生产管理工作的贯彻落实，完善行业管理，促进行业发展；协会积极维护监理行业健康有序的经营秩序，鼓励行业自律，规范监理市场，成立了咨询委员会和自律与维权委员会，倡导会员单位共同创建福州监理市场的诚信机制，进一步增强廉洁自律意识，提高行业声誉；依托“两委”，开展走访调研，面向会员单位，实施网格化服务，形成更广泛的行业共识，提升协会凝聚力；协会还与各省市兄弟协会组成行业协会自律联盟，在平等互惠、信息共享、经验借鉴等方面加强合作，为促进协会会员企业跨区域发展搭起“绿色通道”，通过开展调研交流，学习借鉴了有关监理行业的转型升级、人才培养、自律诚信体系建设等方面的做法与经验。

多年来，协会积极参与文明城市创建，积极开展与部队、学校、社区的共建工作，在文明交通、文明旅游、诚信建设、垃圾分类、志愿服务等活动中做表率、当先锋，努力发挥协会的示范带动作用，树立良好社会形象。

2017年，协会经福州市民政局评估，取得AAAAA级社会组织等级；2020年，协会党支部被中共福州市直城乡建设系统党委授予“2019—2020年度先进基层党组织”荣誉称号；2021年，协会荣获中共福州市委和福州市人民政府命名为“2018—2020年度市级文明单位”的称号。

电　话：0591-83706715
传　真：0591-86292931
邮　箱：fzjsjl@126.com
官　网：www.fzjsjl.org
地　址：福州市鼓楼区梁厝路95号依山苑1座101单元

开展主题党日活动，传承精神担使命

召开协会六届一次会员大会

党支部组织参观福建省革命历史纪念馆

举办趣味运动会，展现会员单位队伍凝聚力、战斗力

福州市建委于2020年7月授予协会支部“先进基层党组织”称号

经福州市民政局评估，取得“5A”等级

福州市2018—2020年度

文明单位

中共福州市委
福州市人民政府
二〇二一年六月

被中共福州市委和市委人民政府授予“市级文明单位”称号

与福州大学签署共建协议

石家庄国际机场改扩建工程

河北中烟“四中心”项目（钻石广场）

河北医科大学第四医院医疗综合楼（河北省癌症中心主楼）项目

河北省奥林匹克体育中心项目

中国银行股份有限公司河北省分行营业楼项目

中华人民共和国驻土耳其大使馆项目

中华人民共和国驻南非大使馆项目

阳煤集团年产 22 万 t 乙二醇项目

石家庄幼儿师范专科学院项目

国家检察官学院河北分院项目

河北中原工程项目管理有限公司

聚焦挖掘客户需求　专注提升咨询品质
——河北中原工程项目管理有限公司 30 年成长概要

河北中原工程项目管理有限公司成立于 1992 年，现有员工 400 多人，注册资金 5100 万元，是河北省内最早从事工程监理、项目管理的专业公司之一。

30 年的成长发展，塑造了“河北中原”高品质的服务理念，公司现拥有工程咨询、工程监理、招标代理、造价咨询的四大类甲级资质，业务范围从项目投资机会研究、融资策划、前期咨询、PPP 项目咨询、城市规划与设计咨询，到招标采购、造价咨询、工程监理、项目管理与投资代建、全过程工程咨询、项目后评估，全过程全生命周期为建设业主提供咨询服务。同时，公司与河北省建筑设计研究院、河北工业大学、上海同济土木建筑咨询有限公司、西安建筑科技大学等省内外多家科学研究院所形成战略合作，为高端咨询服务提供技术支持。

“以人为本 创新管理”，公司技术委员会作为核心保障体系，拥有规划、法律、投资、设计、施工、节能、交通、冶金、工艺等各专业内外部高级技术专家 50 余名，各类国家级注册人员 100 余名，国家级监理大师 1 名，香港测量师、Autodesk 全球认证教官、IPMA 国际项目管理师等几十名。公司还主持编制了《CL 结构工程施工质量验收规程》DB13（J）44—2003、《建设工程项目管理规范》GB/T 50326—2017、《建设工程监理工作标准》DB13（J）/T 8161—2019、《河北省建设项目环境监理技术规范》DB13/T 2207—2015 等多项河北省工程建设标准。

河北中原自成立以来，一直坚持“诚实做人，一流服务”的企业方针，先后为数千个建设工程提供专业服务，专业覆盖房屋建筑、市政基础设施、石油化工工程、电力工程、通信工程、人防工程、水利水电、环境与生态、文物保护、高新技术、房地产等多个行业领域，其中多项工程获得中国建筑工程鲁班奖、中国建筑工程装饰奖、中国市政金杯示范工程奖、中国化学工业优质奖、全国十大文物精品工程奖等国家级荣誉及“安济杯”“兴石杯”等省市级荣誉。

作为河北省内唯一一家入选中国驻外使馆馆舍工程管理服务采购名单的企业，河北中原已参与我国驻东帝汶、南非、伊朗、印度、土耳其、黑山共和国、比利时、奥地利、尼泊尔、阿富汗等 20 余个使领馆馆舍工程的建设管理。2017 年，河北中原先后成立 PPP 中心、一体化市场开发中心、信息中心，为公司转型升级提供有效助力，立足河北，迈向全国，冲击海外。

展望未来，河北中原将秉承“中正协和、务本求原”的核心价值观，以饱满的热情、严谨科学的作风，与行业各位同仁一起携手并肩，竭诚为投资者提供“专业、高效、经济、优质”的全过程工程咨询服务，为国家建设事业做出新的贡献！

地　址：河北省石家庄市靶场街 29 号
电　话：0311-83662001　0311-83662008
网　址：http://www.hebzyw.com

背景图：河北省阜平县阜盛大桥项目

内蒙古科大工程项目管理有限责任公司

内蒙古科大工程项目管理有限责任公司前身是包头钢铁学院工程建设监理公司，成立于1993年，隶属于包头钢铁学院产业处。2001年11月改制为股份制公司，更名为包头市钢苑工程建设监理有限责任公司，2011年9月又更名为内蒙古科大工程项目管理有限责任公司，企业资质具有房屋建筑工程监理甲级、市政公用工程监理甲级、水利水电工程监理乙级、公路工程监理乙级、通信工程监理乙级、冶炼工程监理乙级、人防工程监理乙级、工程造价咨询乙级。公司通过了ISO9001质量管理体系、ISO14001环境管理体系、ISO45001职业健康安全管理体系三体系认证。

我公司是中国建设监理协会理事单位、内蒙古自治区工程建设协会副会长单位、包头建筑业协会副会长单位，同时也是《建设监理》副理事长单位。

2012年10月被中国建设监理协会评为"2011—2012年度中国工程监理行业先进工程监理企业"；2015—2020年，连续6年被内蒙古自治区工程建设协会评为"内蒙古自治区先进建设工程监理企业"；2020—2021年，连续2年被内蒙古自治区工程建设协会评为"内蒙古自治区工程建设监理AAA级信用企业"；被内蒙古自治区建筑业协会评为"内蒙古自治区建筑业AAA级信用企业""内蒙古自治区工程建设质量管理优秀企业"；被内蒙古自治区市场监督管理局评为2017—2018年度"守合同 重信用"企业；2001年至今，已连续20年被包头市人民政府授予"包头市建设工程质量和安全管理先进集体"荣誉称号；被包头市住房和城乡建设局评为"2018年、2019年度包头市建设工程优秀监理企业"；被包头建筑业协会评为"2020年度包头市建设工程安全管理优秀企业""2020年度包头市建设工程质量管理优秀企业"；所监理的工程获得国家级、省部级、地市级奖项共计300余项。

公司目前共有员工300余人，注册监理工程师60余人、注册一级建造师10余人、注册造价工程师7人、注册一级结构工程师1人、注册设备监理师2人、注册咨询工程师2人、安全工程师4人；其中具有中、高级技术职称的人员比例占60%以上。主要技术骨干拥有多年从事工程监理、项目管理、工程事故分析、建筑工程可靠性鉴定、BIM技术服务及招标代理的工作经验，是包头市乃至内蒙古自治区建筑领域的权威，具有雄厚的技术力量，能为工程建设全过程咨询服务提供有力的技术保障。

公司被内蒙古自治区住房和城乡建设厅定为内蒙古自治区全过程工程咨询首批试点单位，在自治区范围内承接了一系列工程建设全过程咨询服务工作，自开展工程建设全过程咨询业务以来，我公司技术实力不断增强，全面提高了企业的服务能力和管理能力，使企业信誉稳步攀升，并受到建设单位及主管单位的一致好评。在工程建设全过程咨询服务方面展示了企业的实力与优势，我们力争成为自治区乃至全国工程建设全过程咨询服务的先进企业，打造行业一流。

公司地址：内蒙古包头市昆区青年路14# 钢院西院
邮编：014010
办公电话：0472-2140834
传真：0472-2100819
网址：http://www.kdpm.com.cn/
邮箱：gangyuanjianli@qq.com

公众号

乌兰察布心尚家园棚改安置小区
（项目管理 + 工程监理）

集宁区宜和国际
（项目管理 + 工程监理）

包头市110国道跨华建铁路专用线立交桥工程

包头市人民检察院

包头市友谊大街
（昆河南桥—阿尔丁大街）改造工程

集宁区大河湾滑雪场
（项目管理 + 工程监理）

包头碧桂园 · 凤凰天域

包头苏宁广场

乌海市人民医院新建综合楼项目

包头市新都市区第一小学
（项目管理 + BIM 咨询）